## Zentrische Streckung

**1** Zeichne das Viereck ABCD mit A(−2|−1), B(0|−2), C(2|0) und D(−1|1).

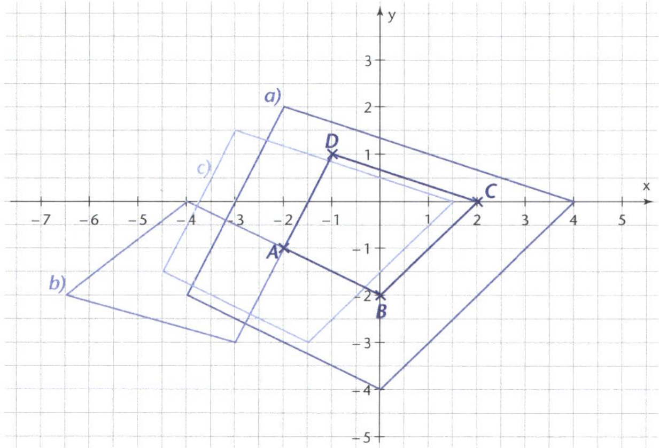


Führe die zentrischen Streckungen durch und gib die Bildpunkte an.

| | | A′ | B′ | C′ | D′ |
|---|---|---|---|---|---|
| a) | $S_{(0\|0),\,2}$ | *(−4\|−2)* | *(0\|−4)* | *(4\|0)* | *(−2\|2)* |
| b) | $S_{(3\|0),\,1,5}$ | *(−4,5\|−1,5)* | *(−1,5\|−3)* | *(1,5\|0)* | *(−3\|1,5)* |
| c) | $S_{A,\,-1}$ | *(−2\|−1)* | *(−4\|0)* | *(−6,5\|−2)* | *(−3\|−3)* |

**2** Welche der grünen Figuren ist durch eine zentrische Streckung entstanden? Zeichne, wenn möglich, das Streckzentrum ein.

*c), d), e) und f)*

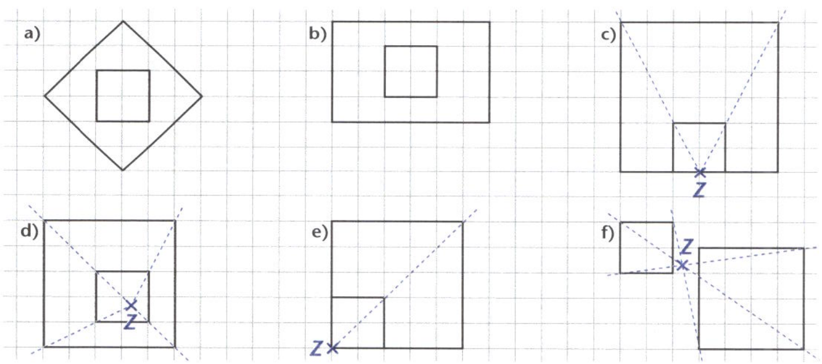

## Streckzentrum, Streckfaktor

**1** Führe die zentrische Streckung mit dem Streckfaktor 3 für die drei Streckzentren $Z_1$, $Z_2$ und $Z_3$ aus.

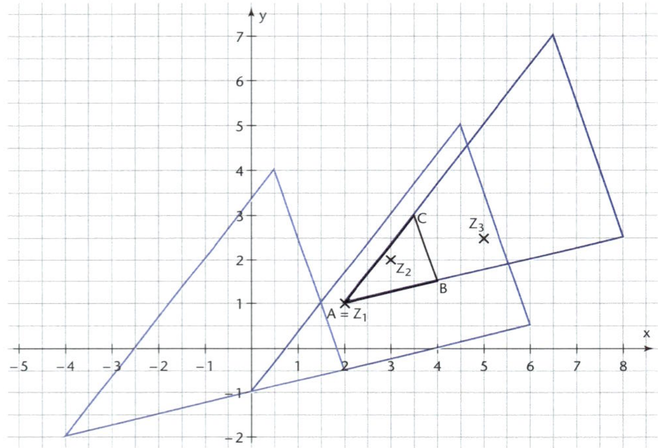


Gib die Bildpunkte an:

| | A′ | B′ | C′ |
|---|---|---|---|
| $S_{Z_1;3}$ | *(2 \| 1)* | *(8 \| 2,5)* | *(6,5 \| 7)* |
| $S_{Z_2;3}$ | *(0 \| −1)* | *(6 \| 0,5)* | *(4,5 \| 5)* |
| $S_{Z_3;3}$ | *(−4 \| −2)* | *(2 \| −0,5)* | *(0,5 \| 4)* |

**2** Die grüne Figur ist durch eine zentrische Streckung aus der grauen entstanden. Zeichne das Streckzentrum ein und bestimme den Streckfaktor.

a)
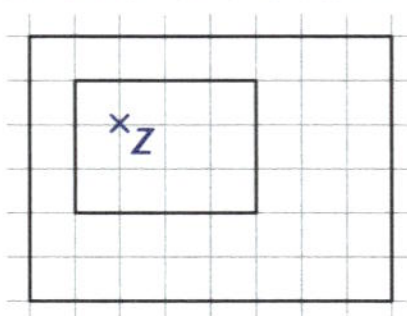


k = *2*

b)
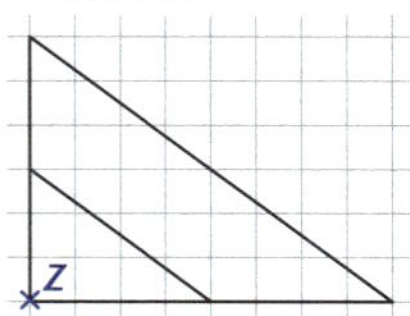


k = *2*

c)
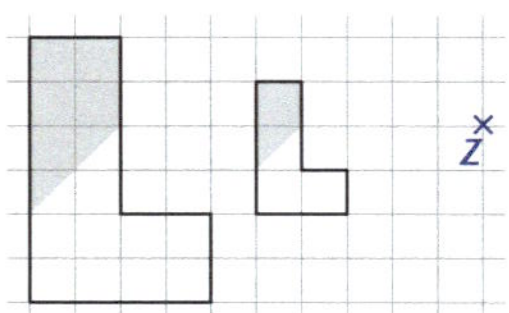


k = *0,5*

d)
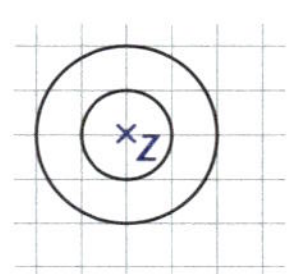


k = *0,5*

e)
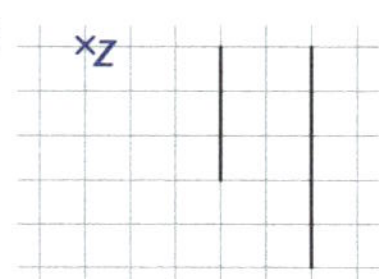


k = $\frac{5}{3}$

f)
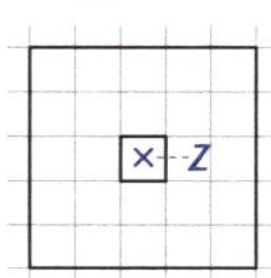


k = *0,2*





## Längen bestimmen

**1** Vervollständige die Tabelle.

| | a) | b) | c) | d) |
|---|---|---|---|---|
| Originallänge | 20 cm | 8 cm | *8 cm* | 80 cm |
| Streckfaktor | $\frac{2}{5}$ | *6* | 2,5 | *0,2* |
| Bildlänge | *8 cm* | 48 cm | 20 cm | 16 cm |

**2** Sind die drei übereinander liegenden Rechtecke zueinander ähnlich?
Bestimme gegebenenfalls den Streckfaktor.

Antwort: *Die Rechtecke sind zueinander ähnlich;*
*$k_1 = 2,5$; $k_2 = 3$*

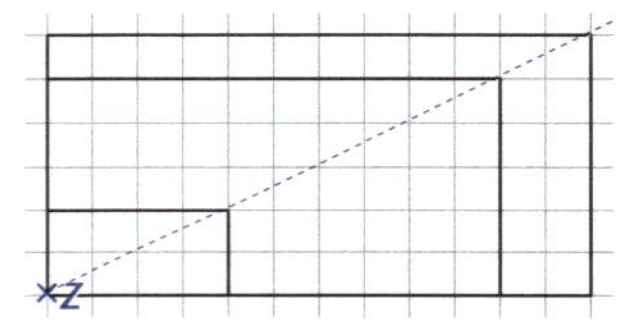


**3** Ein Kleinbildnegativ hat die Größe 24 mm × 36 mm.

a) Welche Fotoformate sind zum Negativ ähnlich?

*10 cm × 15 cm*

b) Nenne weitere zum Negativ ähnliche Fotoformate.

*Z. B. 9 cm × 13,5 cm; 12 cm × 18 cm; 50 cm × 75 cm*

c) Was passiert, wenn ein Fotoformat nicht zum Negativ ähnlich ist?

*Das Negativ wird nicht originalgetreu abgebildet, es ist zu einer Seite gestreckt.*

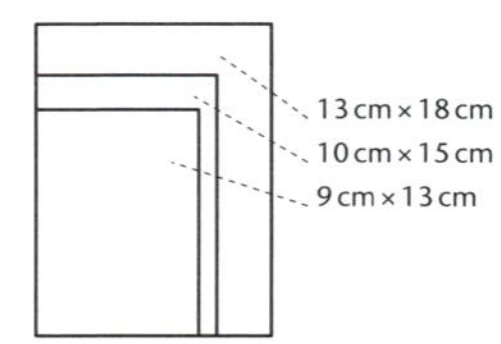


**4** Die Punkte A(2 | 1,5); B(3,5 | 1); C(5 | 4,5) und D(1,5 | 3) bilden das Viereck ABCD.
Die Punkte A′(3 | 0); B′(6 | −1); C′(9 | 6) und D′(2 | 3) bilden das Viereck A′B′C′D′.
Gibt es eine zentrische Streckung, bei der A′B′C′D′ aus ABCD entsteht? Gib gegebenenfalls das Zentrum und den Streckfaktor an.

Z( *1* | *3* )

k = *2*

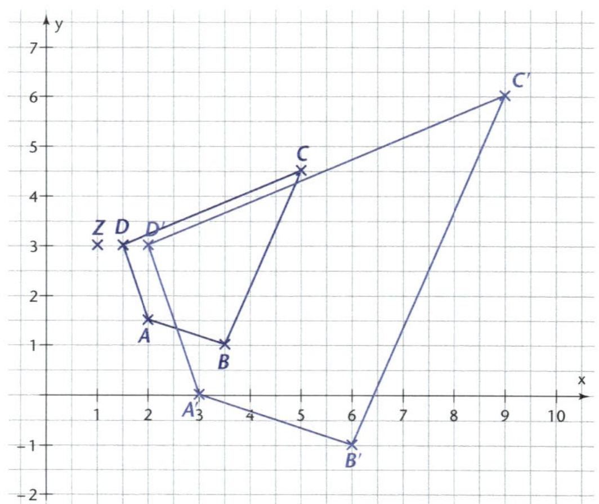

## Negativer Streckfaktor

**1** Zeichne für die zentrischen Streckungen die Bildfigur und gib die Bildpunkte an.

a) $S_{B,-0,25}$ und $S_{C,-2}$

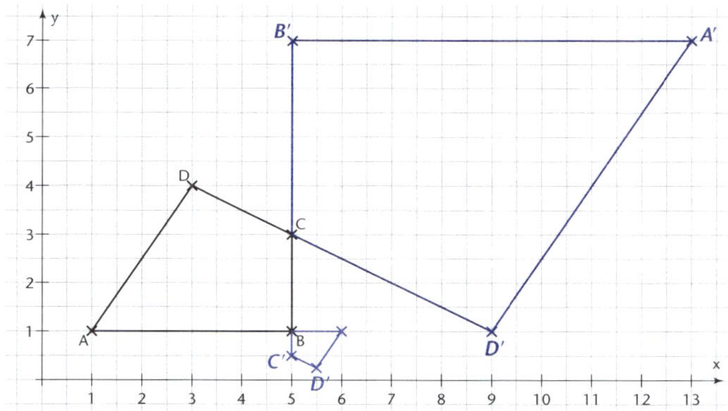


| | A′ | B′ | C′ | D′ |
|---|---|---|---|---|
| $S_{B,-0,25}$ | *(6 \| 1)* | *(5 \| 1)* | *(5 \| 0,5)* | *(5,5 \| 0,25)* |
| $S_{C,-2}$ | *(13 \| 7)* | *(5 \| 7)* | *(5 \| 3)* | *(9 \| 1)* |

b) $S_{(4\|3),-0,5}$ und $S_{(3\|1),-1,5}$

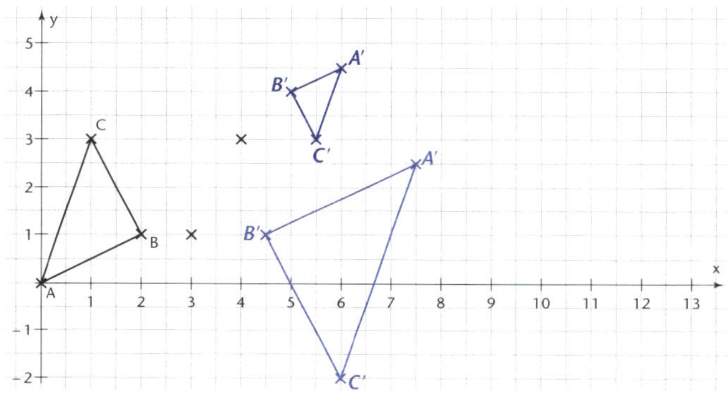


| | A′ | B′ | C′ |
|---|---|---|---|
| $S_{(4\|3),-0,5}$ | *(6 \| 4,5)* | *(5 \| 4)* | *(5,5 \| 3)* |
| $S_{(3\|1),-1,5}$ | *(7,5 \| 2,5)* | *(4,5 \| 1)* | *(6 \| –2)* |





## Flächen und Volumina

**1** a) Führe die zentrischen Streckungen $S_{(6|2),-1,5}$ ($S_{(6|4),-0,5}$) für das Dreieck ABC mit A(0 | 0), B(4 | 0) und C(4 | 3) durch.

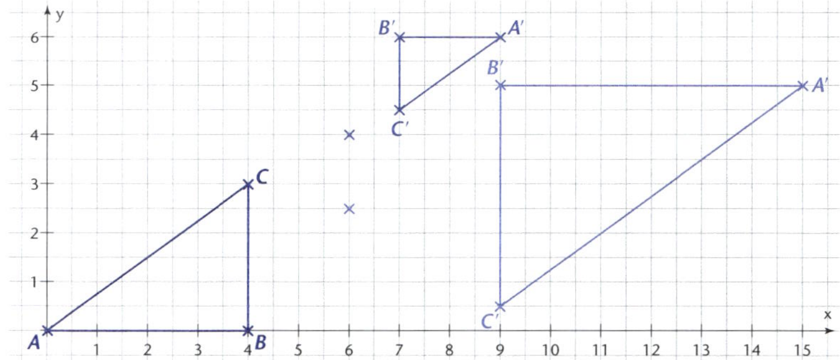


| | A′ | B′ | C′ |
|---|---|---|---|
| $S_{(6\|2),-1,5}$ | *(15 \| 5)* | *(9 \| 5)* | *(9 \| 0,5)* |
| $S_{(6\|4),-0,5}$ | *(9 \| 6)* | *(7 \| 6)* | *(7 \| 4,5)* |

b) Bestimme die zentrische Streckung, die die beiden Bilddreiecke aufeinander abbildet. ______

c) Wie verhalten sich die Umfänge und Flächeninhalte der Dreiecke zueinander?

| | Umfang | Flächeninhalt |
|---|---|---|
| Dreieck ABC | *12 cm* | *6 cm²* |
| Dreieck unter $S_{(6\|2),-1,5}$ | *18 cm* | *13,5 cm²* |
| Dreieck unter $S_{(6\|4),-0,5}$ | *6 cm* | *1,5 cm²* |

Die Umfänge der Bilddreiecke sind das *1,5* -fache oder *0,5* -fache des Dreiecks ABC.

Die Flächeninhalte der Bilddreiecke sind das *2,25* -fache oder *1,5* -fache des Dreiecks ABC.

**2** Ein Quader mit den Kantenlängen 2 cm, 3 cm und 4 cm wird unter einer zentrischen Streckung mit dem Streckfaktor k = 2 und mit einem Eckpunkt als Streckzentrum abgebildet. Zeichne die Schrägbilder der Quader (1 Kästchen ≙ 1 cm).

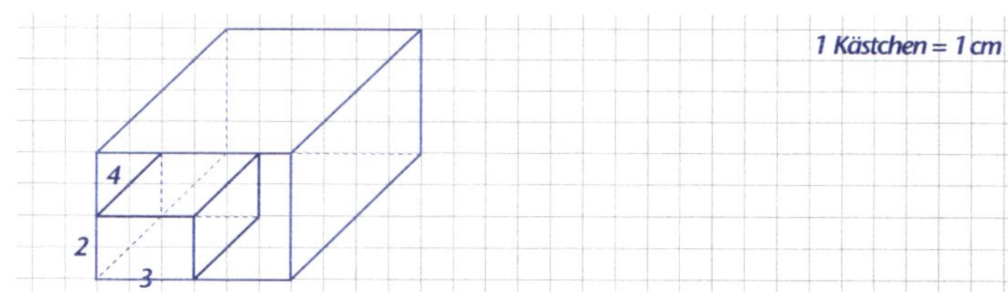


Wie groß sind die Volumina der Quader? Quader *24 cm³* Bildquader *192 cm³*

Die Volumen des Bildquaders ergibt sich als das *8* -fache des Quaders.

## 1. Strahlensatz

**1** Miss, trage die entsprechenden Werte in die Zeichnung ein und berechne die Verhältnisse.

a)

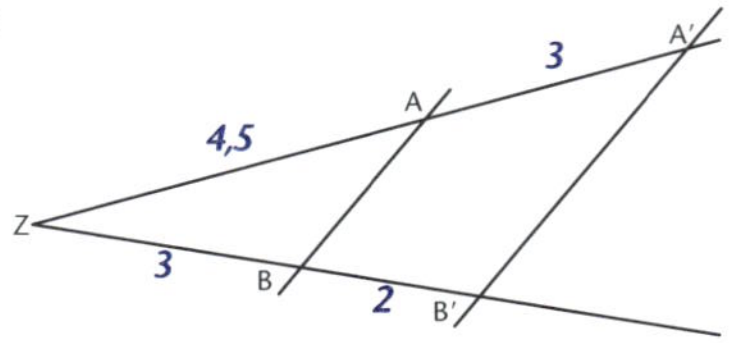


| Verhältnis | Verhältnis |
|---|---|
| $\overline{ZA}:\overline{ZA'}$ | $4{,}5:7{,}5 = 0{,}6$ |
| $\overline{ZB}:\overline{ZB'}$ | $3:5 = 0{,}6$ |
| $\overline{ZA}:\overline{AA'}$ | $4{,}5:3 = 1{,}5$ |
| $\overline{ZB}:\overline{BB'}$ | $3:2 = 1{,}5$ |
| $\overline{AA'}:\overline{ZA'}$ | $3:7{,}5 = 0{,}4$ |

b)

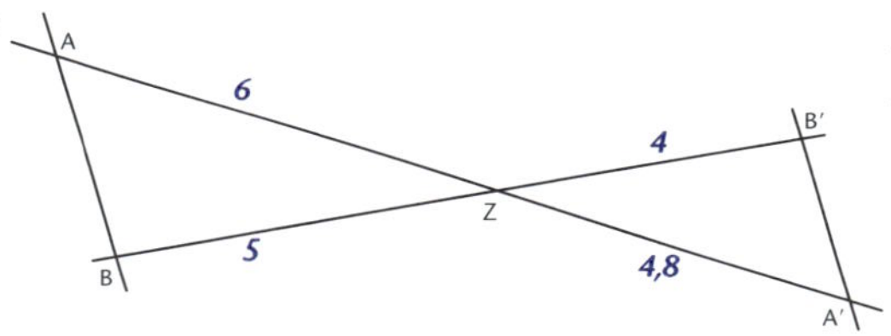


| Verhältnis | Verhältnis |
|---|---|
| $\overline{ZA}:\overline{ZA'}$ | $6:4{,}8 = 1{,}25$ |
| $\overline{ZB}:\overline{ZB'}$ | $5:4 = 1{,}25$ |
| $\overline{ZA}:\overline{AA'}$ | $6:10{,}8 = 0{,}\overline{5}$ |
| $\overline{ZB}:\overline{BB'}$ | $5:9 = 0{,}\overline{5}$ |
| $\overline{AA'}:\overline{ZA'}$ | $10{,}8:4{,}8 = 2{,}25$ |

**2** Ergänze in der Skizze die fehlenden Längen.

a)

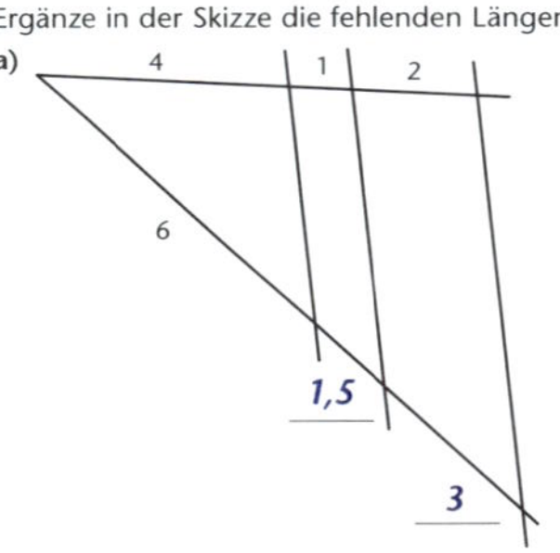


b)

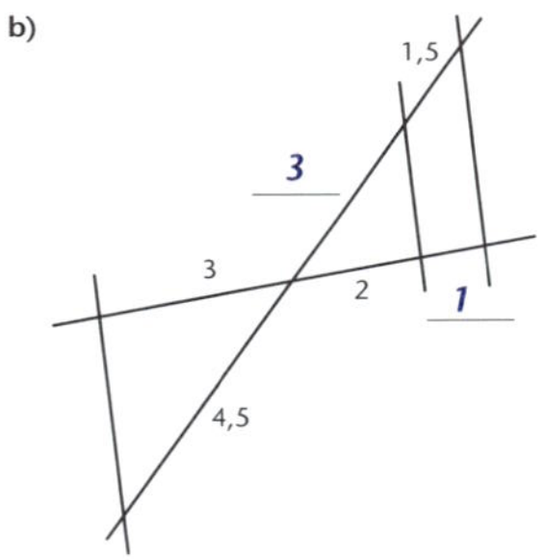


**3** Berechne die fehlenden Längen.

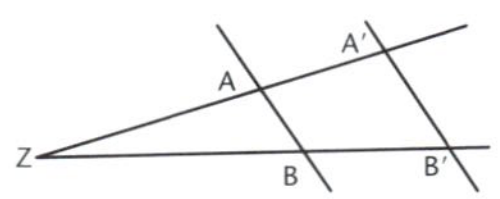


| | $\overline{ZA}$ | $\overline{ZA'}$ | $\overline{AA'}$ | $\overline{ZB}$ | $\overline{ZB'}$ | $\overline{BB'}$ |
|---|---|---|---|---|---|---|
| a) | 4 cm | 6 cm | **2 cm** | 5 cm | **7,5 cm** | **2,5 cm** |
| b) | **1 cm** | 3 cm | 2 cm | **2 cm** | 6 cm | **4 cm** |
| c) | **2 cm** | **5 cm** | 3 cm | **8 cm** | 20 cm | 12 cm |
| d) | 5 cm | **6 cm** | 1 cm | **$6\frac{2}{3}$ cm** | 8 cm | **$1\frac{1}{3}$ cm** |
| e) | **2 cm** | 4 cm | **2 cm** | 4 cm | **8 cm** | 4 cm |





## 1. Strahlensatz

**1** Ergänze die Verhältnisgleichungen.

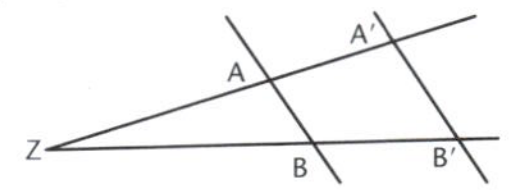


a) $\frac{\overline{ZA}}{\overline{ZA'}} = \frac{\overline{ZB}}{\overline{ZB'}}$

b) $\frac{\overline{AA'}}{\overline{ZA}} = \frac{\overline{BB'}}{\overline{ZB}}$

c) $\frac{\overline{ZB'}}{\overline{BB'}} = \frac{\overline{ZA'}}{\overline{AA'}}$

**2** Berechne die Länge der Strecke x.

a)

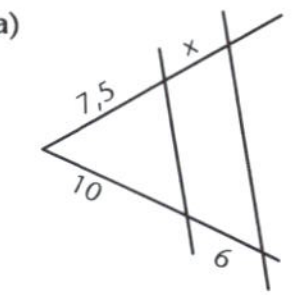


Verhältnisgleichung: $\frac{x}{7{,}5} = \frac{6}{10}$

nach x aufgelöst: $x = \frac{6}{10} \cdot 7{,}5$

x = **4,5**

b)

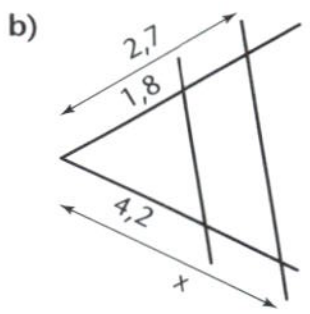


Verhältnisgleichung: $\frac{x}{4{,}2} = \frac{2{,}7}{1{,}8}$

nach x aufgelöst: $x = \frac{2{,}7}{1{,}8} \cdot 4{,}2$

x = **6,3**

c)

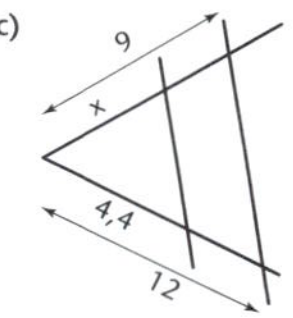


Verhältnisgleichung: $\frac{x}{9} = \frac{4{,}4}{12}$

nach x aufgelöst: $x = \frac{4{,}4}{12} \cdot 9$

x = **3,3**

d)

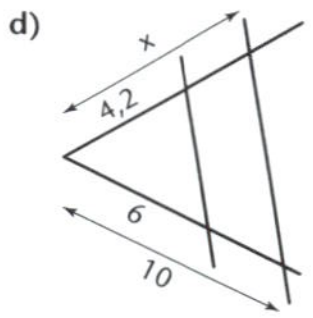


Verhältnisgleichung: $\frac{x}{4{,}2} = \frac{10}{6}$

nach x aufgelöst: $x = \frac{10}{6} \cdot 4{,}2$

x = **7**

e)

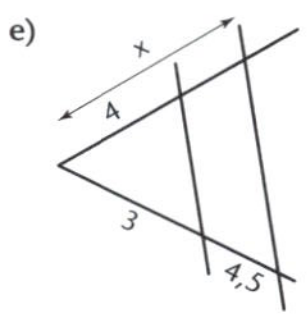


Verhältnisgleichung: $\frac{x}{4} = \frac{3 + 4{,}5}{3}$

nach x aufgelöst: $x = \frac{7{,}5}{3} \cdot 4$

x = **10**

f)

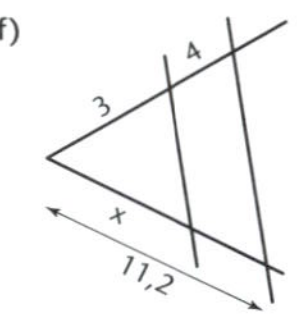


Verhältnisgleichung: $\frac{x}{11{,}2} = \frac{3}{3 + 4}$

nach x aufgelöst: $x = \frac{3}{7} \cdot 11{,}2$

x = **4,8**

g)

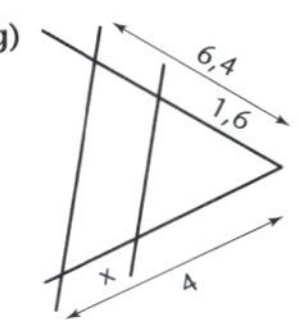


Verhältnisgleichung: $\frac{x}{4} = \frac{6{,}4 - 1{,}6}{6{,}4}$

nach x aufgelöst: $x = \frac{4{,}8}{6{,}4} \cdot 4$

x = **3**

h)

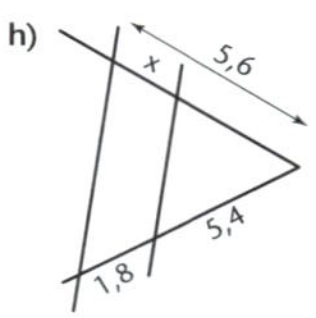


Verhältnisgleichung: $\frac{x}{5{,}6} = \frac{1{,}8}{1{,}8 + 5{,}4}$

nach x aufgelöst: $x = \frac{1{,}8}{7{,}2} \cdot 5{,}6$

x = **1,4**

## 2. Strahlensatz

**1** Miss, trage die entsprechenden Werte in die Zeichnung ein und berechne die Verhältnisse.

a)

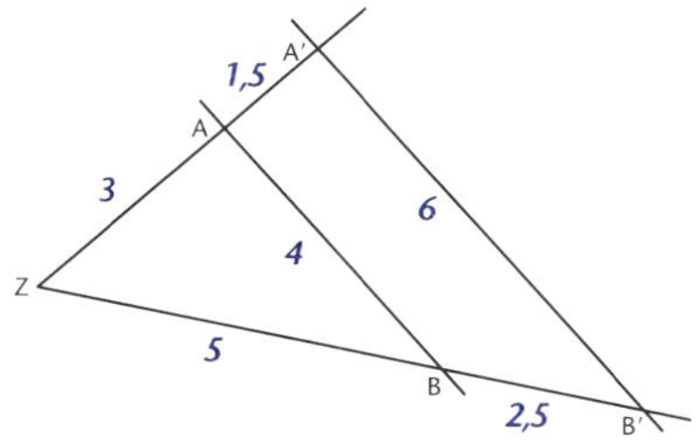


| Verhältnis | Verhältnis |
|---|---|
| $\overline{AB}:\overline{A'B'}$ | $4:6 = 0,\overline{6}$ |
| $\overline{ZA}:\overline{ZA'}$ | $3:4,5 = 0,\overline{6}$ |
| $\overline{ZB}:\overline{ZB'}$ | $5:7,5 = 0,\overline{6}$ |
| $\overline{ZB}:\overline{BB'}$ | $5:2,5 = 2$ |
| $\overline{A'B'}:\overline{AB}$ | $6:4 = 1,5$ |

b)

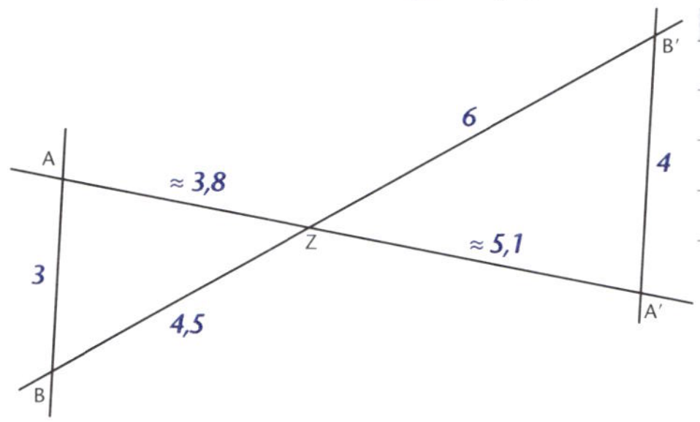


| Verhältnis | Verhältnis |
|---|---|
| $\overline{AB}:\overline{A'B'}$ | $3:4 = 0,75$ |
| $\overline{ZB}:\overline{ZB'}$ | $4,5:6 = 0,75$ |
| $\overline{ZA}:\overline{ZA'}$ | $3,8:5,1 \approx 0,75$ |
| $\overline{ZB}:\overline{BB'}$ | $4,5:10,5 \approx 0,43$ |
| $\overline{A'B'}:\overline{AB}$ | $4:3 = 1,\overline{3}$ |

**2** Ergänze in der Skizze die fehlenden Längen.

a)

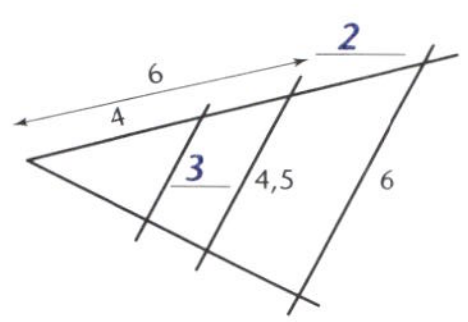


b)

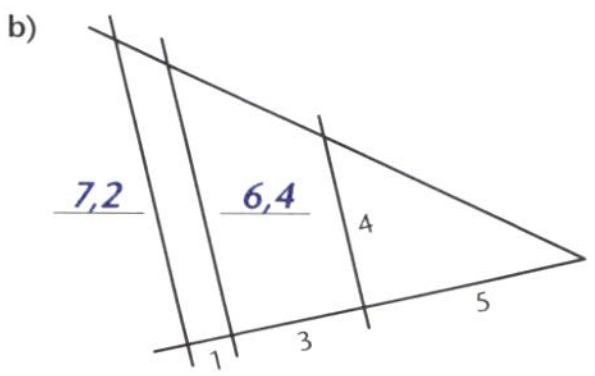


**3** Berechne die fehlenden Längen.

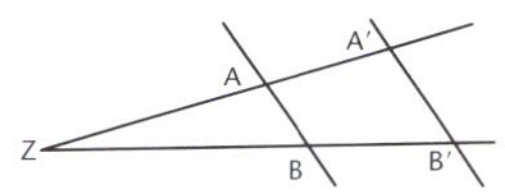


| | $\overline{ZA}$ | $\overline{ZA'}$ | $\overline{AB}$ | $\overline{A'B'}$ | $\overline{AA'}$ |
|---|---|---|---|---|---|
| a) | 4 cm | 6 cm | 3 cm | **4,5 cm** | **2 cm** |
| b) | **3 cm** | 4 cm | 3 cm | 4 cm | **1 cm** |
| c) | 6 cm | 8 cm | **7,5 cm** | 10 cm | **2 cm** |
| d) | 5 cm | **15 cm** | 4 cm | **12 cm** | 10 cm |





## 2. Strahlensatz

**1** Ergänze die Verhältnisgleichungen.

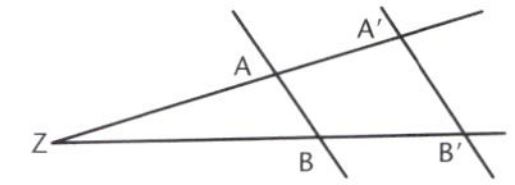


a) $\frac{\overline{ZA'}}{\overline{A'B'}} = \frac{\overline{ZA}}{\overline{AB}}$

b) $\frac{\overline{AB}}{\overline{ZB}} = \frac{\overline{A'B'}}{\overline{ZB'}}$

c) $\frac{\overline{A'B'}}{\overline{AB}} = \frac{\overline{ZA'}}{\overline{ZA}} = \frac{\overline{ZB'}}{\overline{ZB}}$

**2** Berechne die Länge der Strecke x.

a)

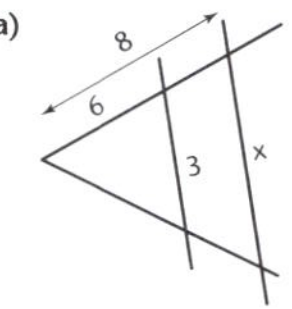


Verhältnisgleichung: $\frac{x}{3} = \frac{8}{6}$

nach x aufgelöst: $x = \frac{8}{6} \cdot 3$

x = **4**

b)

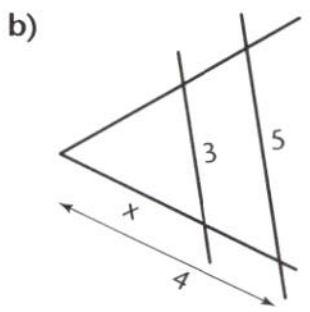


Verhältnisgleichung: $\frac{x}{4} = \frac{3}{5}$

nach x aufgelöst: $x = \frac{3}{5} \cdot 4$

x = **2,4**

c)

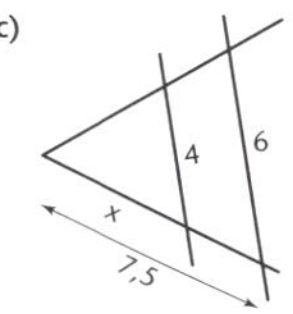


Verhältnisgleichung: $\frac{x}{7,5} = \frac{4}{6}$

nach x aufgelöst: $x = \frac{4}{6} \cdot 7,5$

x = **5**

d)

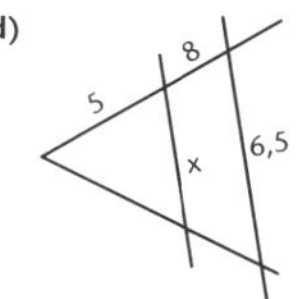


Verhältnisgleichung: $\frac{x}{6,5} = \frac{5}{5+8}$

nach x aufgelöst: $x = \frac{5}{13} \cdot 6,5$

x = **2,5**

e)

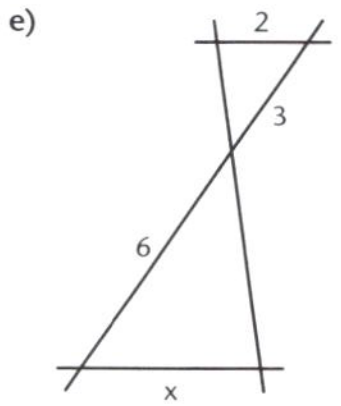


Verhältnisgleichung: $\frac{x}{2} = \frac{6}{3}$

nach x aufgelöst: $x = \frac{6}{3} \cdot 2$

x = **4**

f)

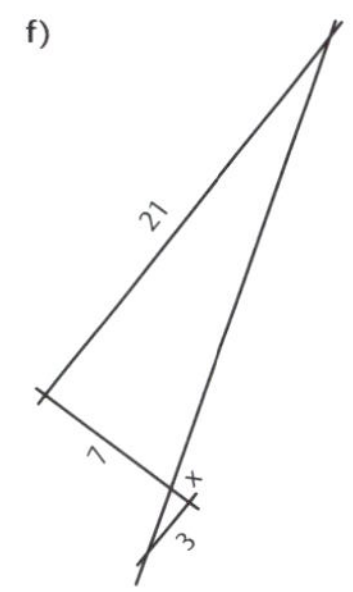


Verhältnisgleichung: $\frac{x}{3} = \frac{7}{21}$

nach x aufgelöst: $x = \frac{7}{21} \cdot 3$

x = **1**

**3** Berechne die Länge der vierten Strecke.

a) $\overline{ZA} = 5\,cm$ $\overline{ZA'} = 7\,cm$ $\overline{AB} = 4\,cm$ $\overline{A'B'} = 5,6\,cm$

b) $\overline{ZA} = 3\,cm$ $\overline{AB} = 4\,cm$ $\overline{A'B'} = 12\,cm$ $\overline{ZA'} = 9\,cm$

c) $\overline{ZB} = 5\,cm$ $\overline{ZB'} = 25\,cm$ $\overline{A'B'} = 4\,cm$ $\overline{AB} = 0,8\,cm$

d) $\overline{AB} = 3\,cm$ $\overline{A'B'} = 4\,cm$ $\overline{AA'} = 2\,cm$ $\overline{ZA} = 6\,cm$

## Strahlensätze

**1** Stelle mit den gegebenen Längen eine Verhältnisgleichung auf.

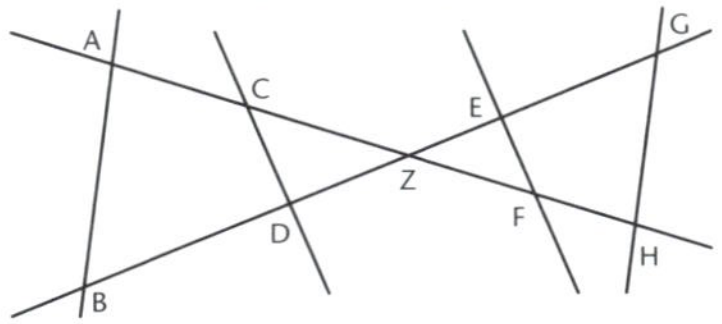


AB || GH und CD || EF

a) $\overline{AB}, \overline{ZB}, \overline{ZG}$ — $\frac{\overline{ZB}}{\overline{ZG}} = \frac{\overline{AB}}{\overline{GH}}$

b) $\overline{ZC}, \overline{ZE}, \overline{ZF}$ — $\frac{\overline{ZC}}{\overline{ZF}} = \frac{\overline{ZD}}{\overline{ZE}}$

c) $\overline{ZD}, \overline{CD}, \overline{EF}$ — $\frac{\overline{CD}}{\overline{EF}} = \frac{\overline{ZD}}{\overline{ZE}}$

d) $\overline{ZA}, \overline{ZB}, \overline{ZG}$ — $\frac{\overline{ZA}}{\overline{ZH}} = \frac{\overline{ZB}}{\overline{ZG}}$

**2** Welche Verhältnisgleichungen sind richtig?

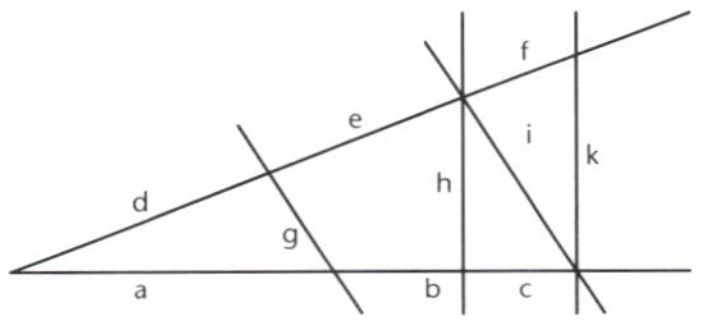


g || i und h || k

| | | wahr | falsch |
|---|---|---|---|
| a) | $\frac{d}{e} = \frac{g}{i}$ | | ✕ |
| b) | $\frac{f}{e} = \frac{c}{b}$ | | ✕ |
| c) | $\frac{i}{g} = \frac{e}{d}$ | | ✕ |
| d) | $\frac{d}{g} = \frac{d+e}{i}$ | ✓ | |
| e) | $\frac{k}{h} = \frac{a+b+c}{a+b}$ | ✓ | |

**3** Berechne die fehlende Streckenlänge.

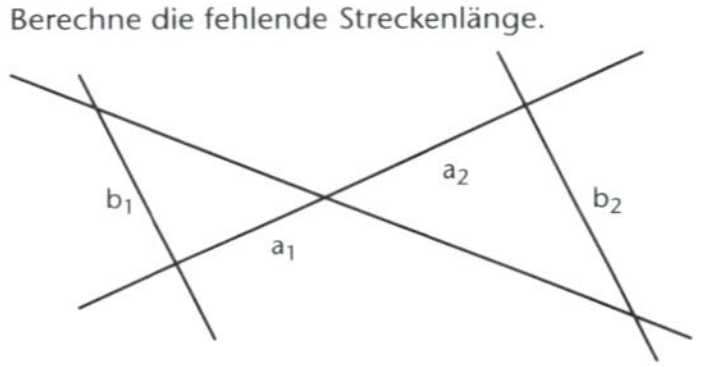


| | $a_1$ | $a_2$ | $b_1$ | $b_2$ |
|---|---|---|---|---|
| a) | 3 cm | 4 cm | ***10,5 cm*** | 14 cm |
| b) | 2 cm | 3 cm | 4 cm | ***6 cm*** |
| c) | ***1,25 cm*** | 2 cm | 2,5 cm | 4 cm |
| d) | 3,2 cm | ***4,8 cm*** | 6,4 cm | 9,6 cm |
| e) | 1 cm | 5 cm | ***0,6 cm*** | 3 cm |

**4** Berechne die fehlenden Streckenlängen.

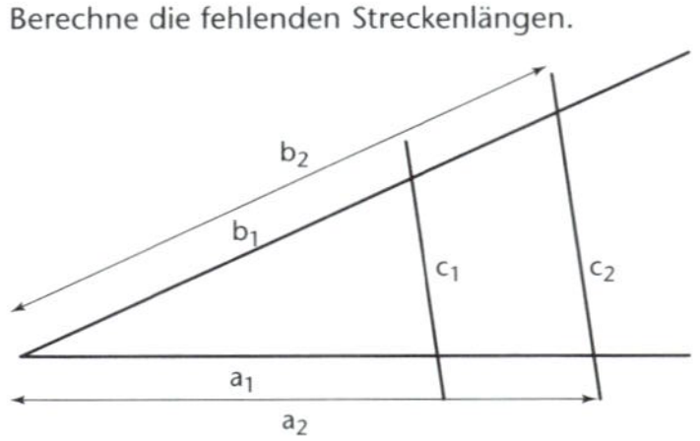


| | $a_1$ | $a_2$ | $b_1$ | $b_2$ | $c_1$ | $c_2$ |
|---|---|---|---|---|---|---|
| a) | 3 cm | 9 cm | 5 cm | ***15 cm*** | 6 cm | ***18 cm*** |
| b) | 4 cm | 12 cm | 9 cm | ***27 cm*** | ***1 cm*** | 3 cm |
| c) | 2,4 cm | 3,6 cm | ***2 cm*** | 3 cm | 4,8 cm | ***7,2 cm*** |
| d) | 3 cm | ***4,2 cm*** | 5 cm | 7 cm | ***10 cm*** | 14 cm |
| e) | ***2,5 cm*** | 6 cm | ***3 cm*** | 7,2 cm | 3,5 cm | 8,4 cm |

*Lösungen:* 1 cm; 2 cm; 2,5 cm; 3 cm; 4,2 cm; 7,2 cm; 10 cm; 15 cm; 18 cm; 27 cm





## Anwendungen 1

**1** Um die Höhe eines Strommastes mithilfe der Sonne zu ermitteln, wird neben den Strommast ein Stab gesteckt.
Berechne die Höhe des Strommastes mithilfe der dazugehörigen Schatten.

Verhältnisgleichung: $\frac{h}{1,5} = \frac{24}{2}$

Der Strommast ist ***18 m*** hoch.

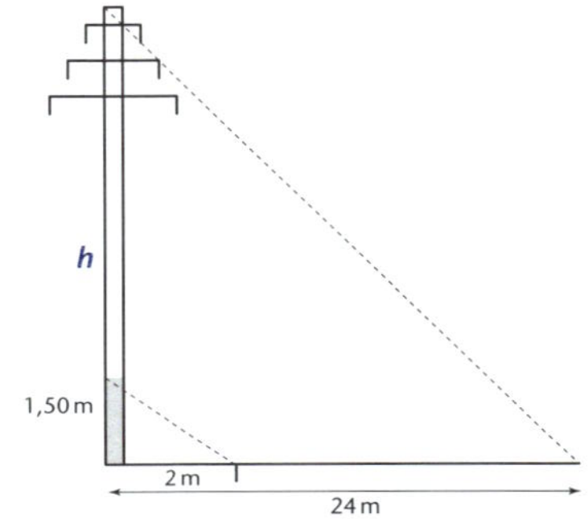


**2** Über zwei Stäbe der Längen 1,80 m und 2,50 m wird die Kirchturmspitze angepeilt.
Wie hoch ist der Kirchturm? Beschrifte geeignet.

Verhältnisgleichung: $\frac{h}{0,7} = \frac{80}{3,2}$ $h = 17,5\,m$

Der Kirchturm ist ***17,5 + 1,8 = 19,30 m*** hoch.

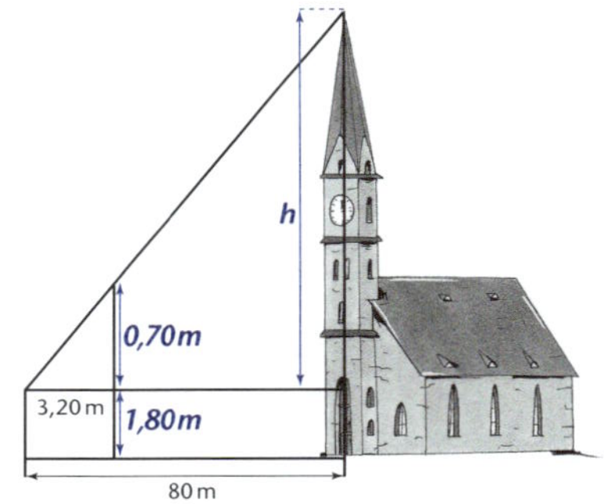


**3** Ein Baum wirft um 16.00 Uhr einen Schatten von 7,50 m. Jule ist 1,60 m groß. Sie stellt sich so in den Baumschatten, dass ihr Schatten mit dem des Baumes endet. Sie ist dann 6,30 m vom Baum entfernt.
Wie hoch ist der Baum?

Verhältnisgleichung: $\frac{h}{1,6} = \frac{7,5}{1,2}$

Der Baum ist ***10 m*** hoch.

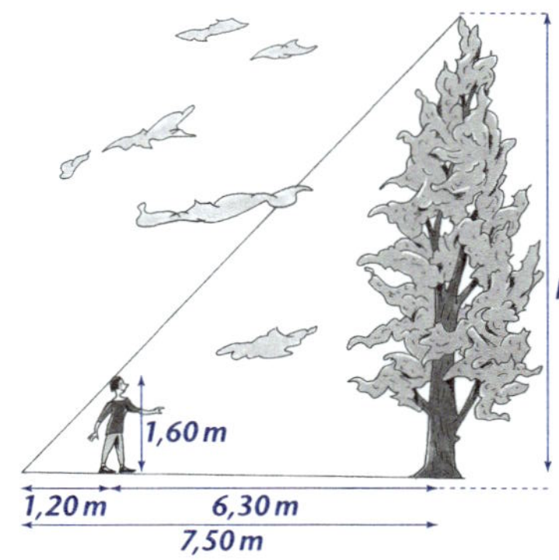

## Anwendungen 2

**1** Eine Straßenlaterne steht 5 m von einer 6 m hohen Mauer entfernt.
Die Mauer wirft einen 8 m langen Schatten.

**a)** Erstelle eine Planfigur.
**b)** Wie hoch ist die Straßenlaterne?

Verhältnisgleichung: $\frac{\ell}{6} = \frac{13}{8}$

Die Straßenlaterne ist *9,75 m* hoch.

Planfigur:

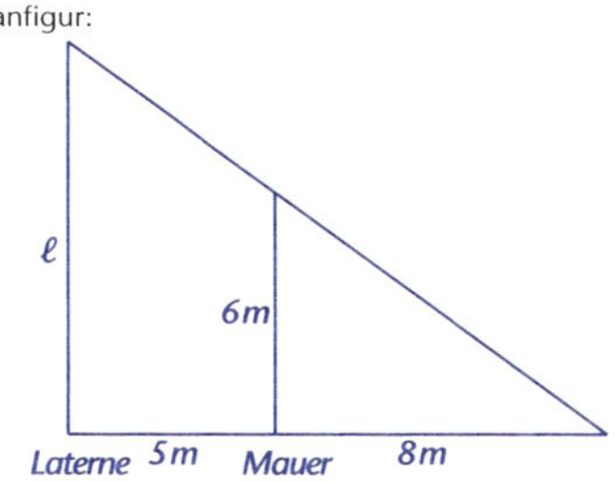


**2** In eine Dachschräge soll ein Tischler ein Regal einbauen.
Wie lang muss jedes Brett sein?

Verhältnisgleichungen: *Brettlängen $b_1, b_2, b_3, b_4$*

$\frac{b_1}{30} = \frac{100}{190}$, $b_1 = 15{,}8\,cm$;

$\frac{b_2}{70} = \frac{100}{190}$, $b_2 = 36{,}8\,cm$

$\frac{b_3}{110} = \frac{100}{190}$, $b_3 = 57{,}9\,cm$

$\frac{b_4}{150} = \frac{100}{190}$, $b_4 = 78{,}9\,cm$

Länge der Regalbretter: *15,8 cm; 36,8 cm; 57,9 cm; 78,9 cm*

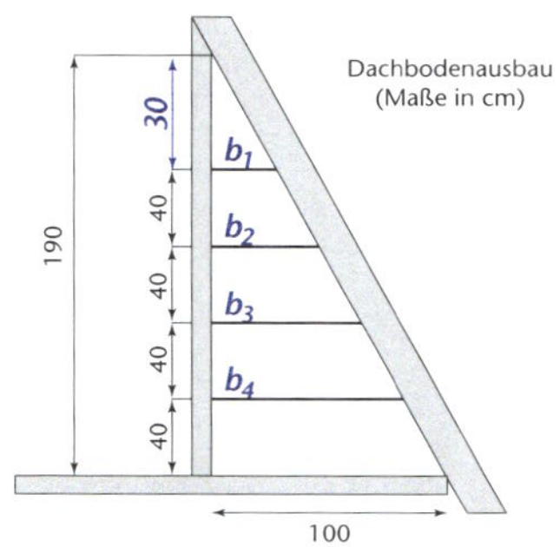


**3** Auf der Erde kann man manchmal an bestimmten Orten sehen, wie der Mond die Sonne verdeckt (Sonnenfinsternis).
Wie groß ist der Durchmesser der Sonne?

Verhältnisgleichung: $\frac{r_S}{r_M} = \frac{a_S + r_S}{a_M + r_M}$

$r_S(a_M + r_M) = r_M(a_S + r_S)$
$r_S a_M + r_S r_M = r_M a_S + r_M r_S$
$r_S a_M = r_M a_S$
$r_S = \frac{r_M a_S}{a_M}$
$r_S \approx 1{,}37$ Mio. km

Der Durchmesser der Sonne beträgt *1,37 Mio.* km.

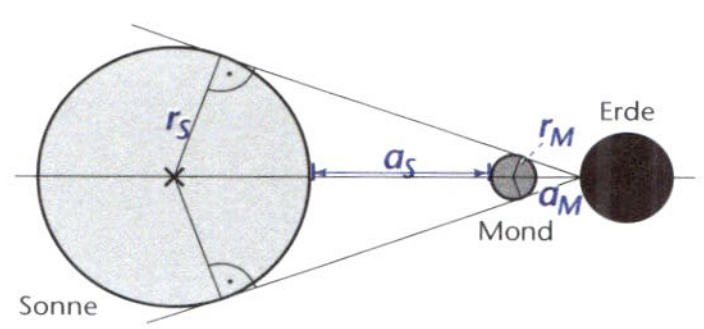


| Entfernung | Mond | Sonne |
|---|---|---|
| Erde | 384 000 km | 150 Mio km |

| | Durchmesser |
|---|---|
| Erde | 12 750 km |
| Mond | 3500 km |
| Sonne | *2,73 Mio. km* |





## Messen im Gelände

**1** Bestimme die Länge der Strecke x.

a)

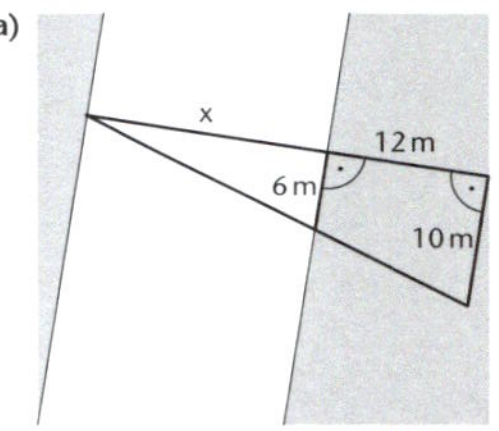


Verhältnisgleichung: $\frac{x}{x+12} = \frac{6}{10}$

x = *18 m*

b)

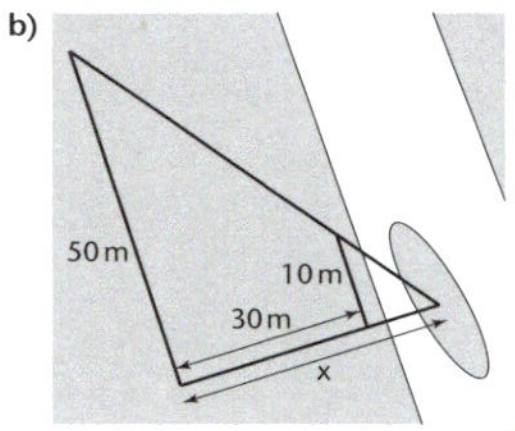


Verhältnisgleichung: $\frac{x}{x-30} = \frac{50}{10}$

x = *37,50 m*

c)

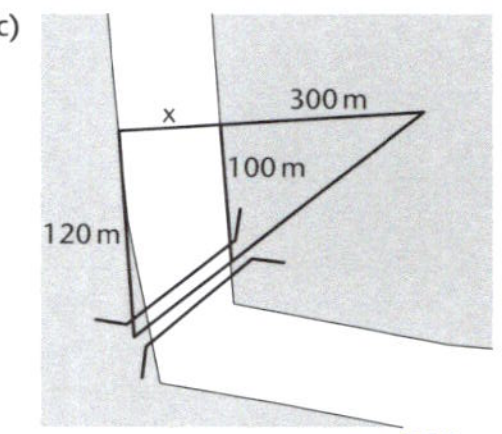


Verhältnisgleichung: $\frac{x+300}{300} = \frac{120}{100}$

x = *60 m*

d)

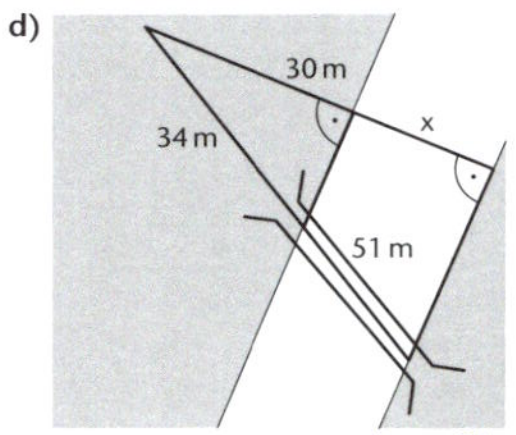


Verhältnisgleichung: $\frac{x}{30} = \frac{51}{34}$

x = *45 m*

**2** Die Längen der Strecken a, b, c wurden gemessen. Bestimme mit diesen die Flussbreite x.

a)

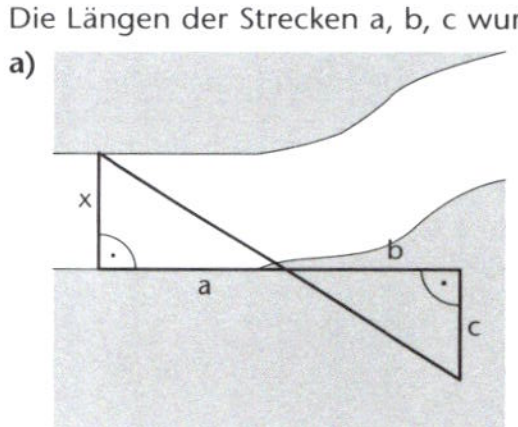


| a | b | c | x |
|---|---|---|---|
| 80 m | 60 m | 15 m | *20 m* |
| 125 m | 25 m | 5 m | *25 m* |
| 72 m | 32 m | 10 m | *22,50 m* |
| a | b | c | $\frac{ac}{b}$ |

b)

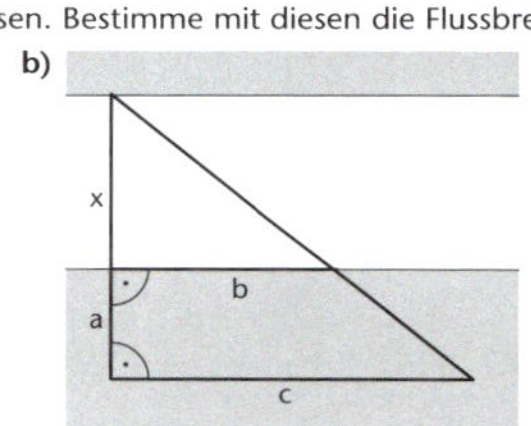


| a | b | c | x |
|---|---|---|---|
| 12 m | 25 m | 100 m | *4 m* |
| 28 m | 30 m | 100 m | *12 m* |
| 35 m | 40 m | 96 m | *25 m* |
| a | b | c | $\frac{ab}{c-b}$ |

## Ähnliche Figuren 1

**1** Welche Figuren sind zueinander ähnlich? Die ähnlichen Figurenpaare ergeben ein Lösungswort.

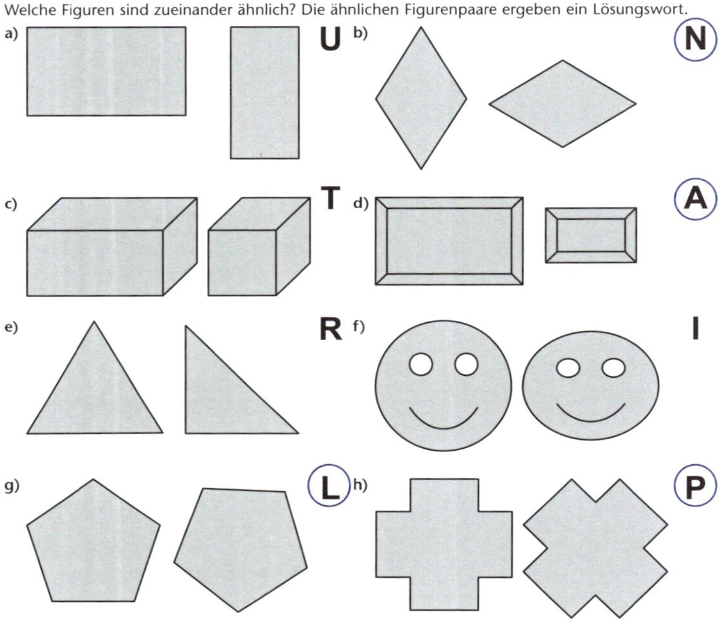


Lösungswort: *PLAN*

**2** Welche Aussagen sind wahr, welche falsch? Gib gegebenenfalls ein Gegenbeispiel an.

| | | wahr | falsch | Gegenbeispiel |
|---|---|---|---|---|
| a) | Zwei gleichseitige Dreiecke sind zueinander ähnlich. | ✓ | | |
| b) | Zwei gleichschenklige Dreiecke sind zueinander ähnlich. | | × |  |
| c) | Zwei rechtwinklige Dreiecke sind zueinander ähnlich. | | × |  |
| d) | Zwei Kreise mit gleichem Mittelpunkt sind zueinander ähnlich. | ✓ | | |
| e) | Zwei Kreise sind zueinander ähnlich. | ✓ | | |
| f) | Zwei Rechtecke sind zueinander ähnlich. | | × |  |
| g) | Zwei Quadrate sind zueinander ähnlich. | ✓ | | |
| h) | Zwei Rauten sind zueinander ähnlich. | | × | 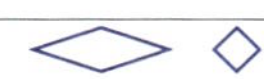 |





## Ähnliche Figuren 2

**1** Die Quader sind zueinander ähnlich. Bestimme jeweils das Volumen.

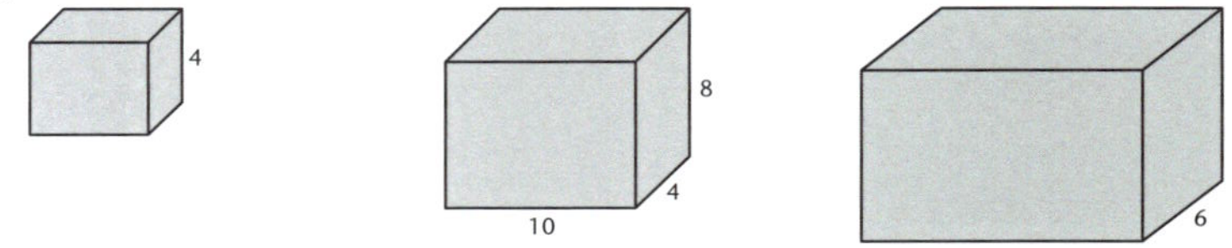


V = *5 · 2 · 4 = 40*  V = *10 · 4 · 8 = 320*  V = *15 · 6 · 12 = 1080*

**2** Welche Aussagen sind wahr, welche falsch? Gib gegebenenfalls ein Gegenbeispiel an.
Vierecke sind zueinander ähnlich, wenn sie übereinstimmen …

| | | wahr | falsch | Gegenbeispiel |
|---|---|---|---|---|
| a) | … in den entsprechenden Winkeln. | | × |  |
| b) | … in den entsprechenden Seitenverhältnissen. | | × |  |
| c) | … in den entsprechenden Winkeln und Seitenverhältnissen. | ✓ | | |

**3** a) Sind bei diesem Bilderrahmen das innere und das äußere Rechteck zueinander ähnlich? Begründe.

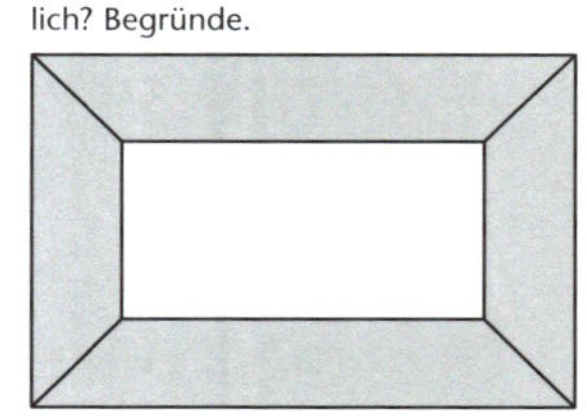

*Die Rechtecke sind nicht ähnlich*
*Längenverh.: $\frac{6}{4} = 1,5$; Breitenver.: $\frac{4}{2} = 2$*

b) Zeichne Bilderrahmen mit gleich breiten Leisten, bei denen das innere und das äußere Rechteck zueinander ähnlich sind.

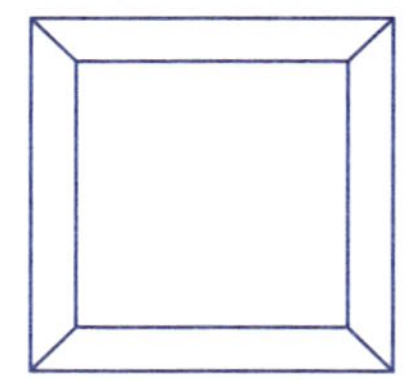

*Nur für Quadrate möglich.*

**4** Sind die Dreiecke ABC und DEF zueinander ähnlich?

| | Dreieck ABC | Dreieck DEF | ähnlich | nicht ähnlich |
|---|---|---|---|---|
| a) | a = 4 cm; b = 6 cm; c = 8 cm | d = 6 cm; e = 9cm; f = 12 cm | ✓ | |
| b) | α = 45°; β = 90°; γ = 45° | δ = 45°; ε = 80°; φ = 55° | | × |
| c) | α = 60°; b = 3,5 cm; c = 3,5 cm | δ = 60°; d = 3,5 cm; e = 3,5 cm | ✓ | |
| d) | a = 3 cm; b = 4 cm; c = 5 cm | d = 3 cm; ε = 45°; φ = 90° | | × |

## Raumvorstellung 1

**1** Welche Ansicht gehört zu einem Zylinder, einer Pyramide, einem Kegel oder einer Kugel?

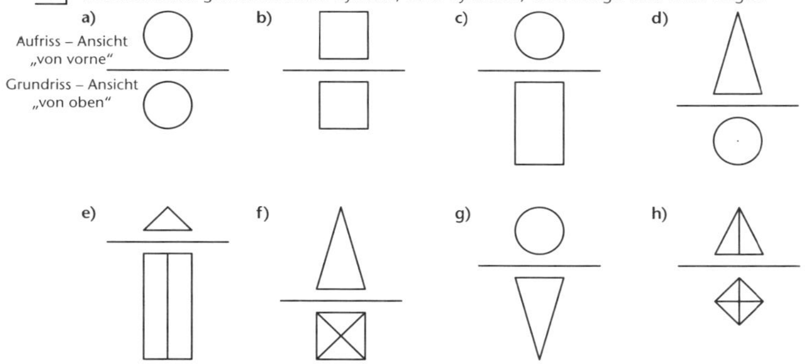


Zylinder: *c)* Pyramide: *f), h)* Kegel: *d), g)* Kugel: *a)*

**2** Dargestellt sind Körper durch Aufriss (Ansicht „von vorne“) und Grundriss (Ansicht „von oben“). Skizziere das dazugehörige Schrägbild des Körpers.

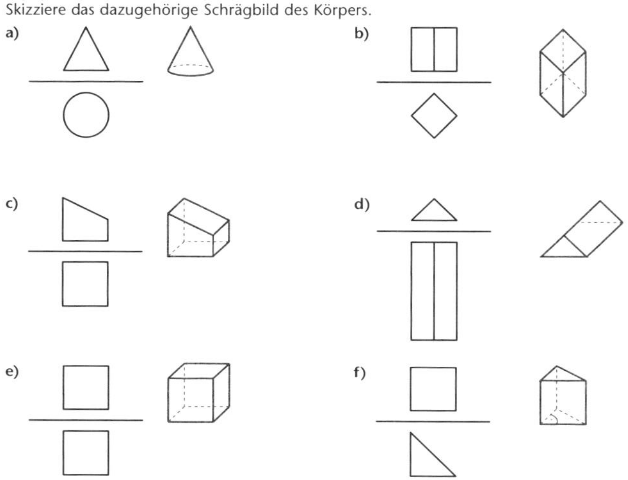






## Raumvorstellung 2

**1** Skizziere zum Körper im Schrägbild den Aufriss (Ansicht „von vorne“) und den Grundriss (Ansicht „von oben“). Beachte, dass die Linien nach hinten um die Hälfte verkürzt sind.

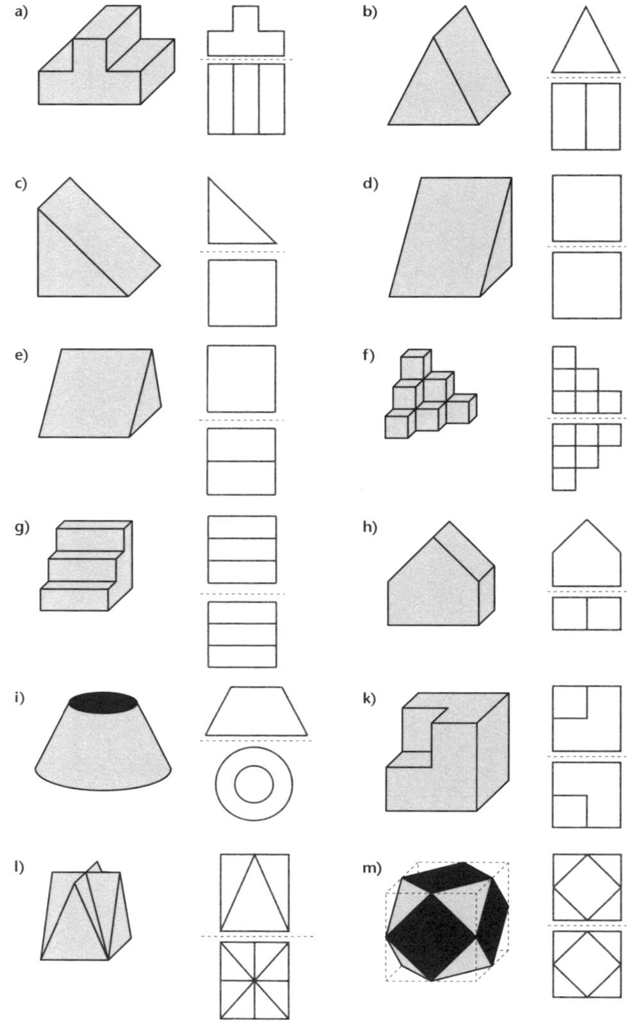

## Quadratische Funktionen 1

**1** Welche Funktionsgleichung gehört zu einer linearen, welche zu einer quadratischen Funktion? Welche gehört weder zu einer linearen noch zu einer quadratischen Funktion?

a) $y = 4x^2 - 6x + 3$ b) $y = 3x + 4$ c) $y = 2x - 4x^2$ d) $y = x \cdot (x + 1)$
e) $y = 2 - 3x$ f) $y = 3 \cdot \frac{1}{x} + 2$ g) $y = \frac{1}{4}x^2$ h) $y = 2x^2 + 3 \cdot \frac{1}{x} - 1$
i) $y = 3 \cdot (x - 1)$ k) $y = (x^2 - 2) \cdot x$ l) $y = \frac{2}{x^2 + x}$ m) $y = x + x + 2$

| | a) | b) | c) | d) | e) | f) | g) | h) | i) | k) | l) | m) |
|---|---|---|---|---|---|---|---|---|---|---|---|---|
| linear | G | L | A | S | B | I | E | S | T | E | R | W |
| quadratisch | E | I | L | E | S | A | T | T | E | L | O | S |
| weder noch | E | V | I | L | L | A | L | E | H | R | E | R |

Lösungswort: *ELLEBATETREW WERTETABELLE*

**2** Die Tabellen gehören zu quadratischen Funktionen. Zeichne die Punkte und den Graphen wie im Beispiel ein. Welche Tabelle gehört zu welcher Funktionsgleichung?

a)

| x | y |
|---|---|
| −2,5 | 0 |
| −2,25 | 0,75 |
| −2 | 1 |
| −1,75 | 0,75 |
| −1,5 | 0 |

b)

| x | y |
|---|---|
| 1,5 | 0 |
| 1,75 | 0,75 |
| 2 | 1 |
| 2,25 | 0,75 |
| 2,5 | 0 |

c)

| x | y |
|---|---|
| −1 | 0 |
| −0,5 | −3 |
| 0 | −4 |
| 0,5 | −3 |
| 1 | 0 |

d)

| x | y |
|---|---|
| −4 | 0 |
| −2 | 2,25 |
| 0 | 3 |
| 2 | 2,25 |
| 4 | 0 |

e)

| x | y |
|---|---|
| −4 | 0 |
| −2 | −3,75 |
| 0 | −5 |
| 2 | −3,75 |
| 4 | 0 |

A $y = 4(x - 1)(x + 1)$
G $y = -4x^2 - 16x - 15$
H $y = \frac{5}{16}x^2 - 5$
P $y = -\frac{3}{16}x^2 + 3$
R $y = -4(x - 1,5)(x - 2,5)$

| a) | b) | c) | d) | e) |
|---|---|---|---|---|
| *G* | *R* | *A* | *P* | *H* |

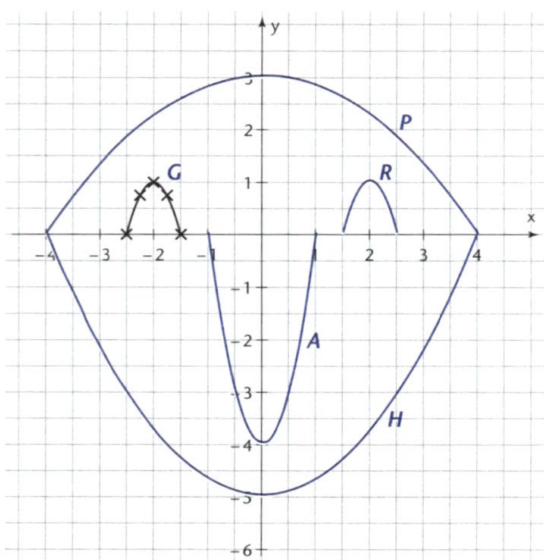






## Quadratische Funktionen 2

**1** Welche Gleichungen stellen dieselbe Funktion dar?

a) $y = (x - 3) \cdot x$
b) $y = (x + 4)(x - 2)$
c) $y = (3 - x)(x - 2)$
d) $y = 2(x + 4)(3 - 2x)$
e) $y = 4(x - 1)(x + 2)$

*T* $y = -4x^2 - 10x + 24$
*E* $y = 4x^2 + 4x - 8$
*I* $y = -x^2 + 5x - 6$
*L* $y = x^2 + 2x - 8$
*E* $y = x^2 - 3x$

Lösungswort: *ELITE*

**2** Vervollständige die Tabelle und zeichne den Graphen.

a) $y = x^2 - 2$

| x | y |
|---|---|
| −2,5 | *4,25* |
| −2 | *2* |
| −1 | *−1* |
| 0 | *−2* |
| 1 | *−1* |
| 2 | *2* |
| 2,5 | *4,25* |

b) $y = -x^2 + 4$

| x | y |
|---|---|
| −2,5 | *−2,25* |
| −2 | *0* |
| −1 | *3* |
| 0 | *4* |
| 1 | *3* |
| 2 | *0* |
| 2,5 | *−2,25* |

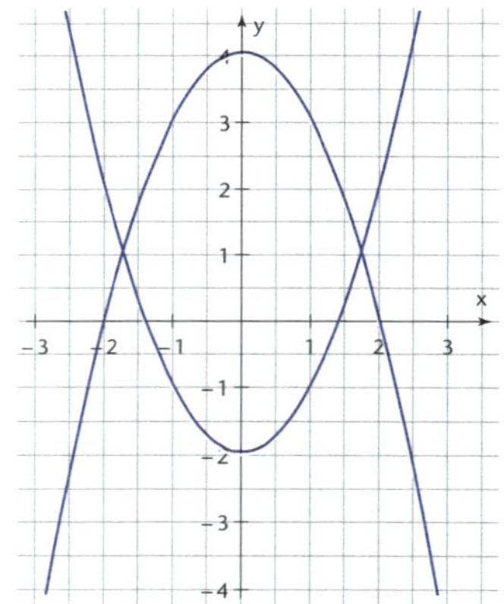


**3** Welche Graphen, Wertetabellen und Funktionsgleichungen gehören zusammen?

a)
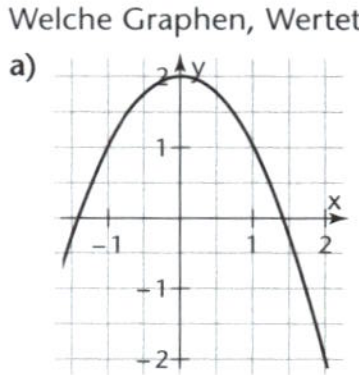

b)
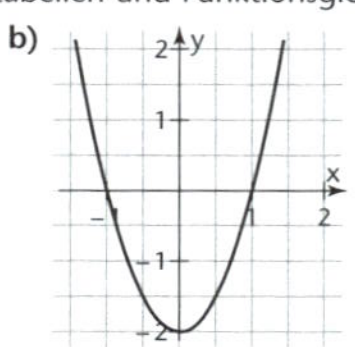

c)
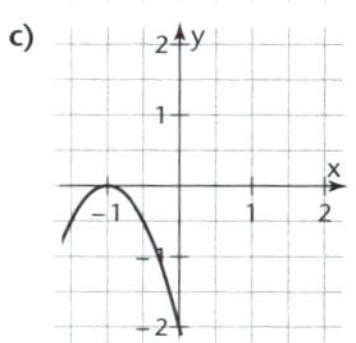

d)
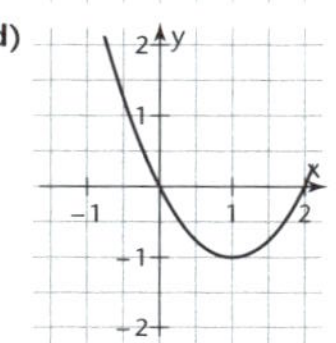

(1)

| x | y |
|---|---|
| −1 | 3 |
| 0 | 0 |
| 1 | −1 |

(2)

| x | y |
|---|---|
| −1,5 | −0,5 |
| −1 | 0 |
| 0 | −2 |

(3)

| x | y |
|---|---|
| −2 | −2 |
| 0 | 2 |
| 1 | 1 |

(4)

| x | y |
|---|---|
| −1 | 0 |
| 0 | −2 |
| 1,5 | 2,5 |

(I) $y = 2x^2 - 2$
(II) $y = -x^2 + 2$
(III) $y = x^2 - 2x$
(IV) $y = -2x^2 - 4x - 2$

| a) | b) | c) | d) |
|---|---|---|---|
| *(3)* | *(4)* | *(2)* | *(1)* |
| *(II)* | *(I)* | *(IV)* | *(III)* |

## Quadratische Funktionen 3

**1** Welche Punkte liegen auf dem zu der Funktionsgleichung gehörigen Graphen?

a) $f(x) = x^2 - 8$ A(−2|4); R(1|7); N(2|−4); O(−3|1) *N, O*

b) $f(x) = x^2 + 2x - 3$ W(−2|−11); I(1|0); R(−1|0); T(2|5) *I, T*

c) $f(x) = 3x^2 - 4x + 5$ K(−1|12); I(−2|9); N(2|9); D(1|6) *K, N*

d) $f(x) = -0{,}5x^2 + x$ U(2|0); F(4|−4); E(−2|0); R(−4|4) *U, F*

**2** Welcher Graph gehört zu der Funktionsgleichung? Stelle die Gleichung in der Form $y = ax^2 + bx + c$ dar.

(1)
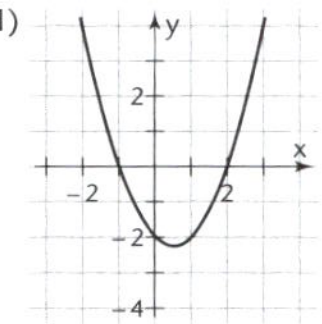


(2)
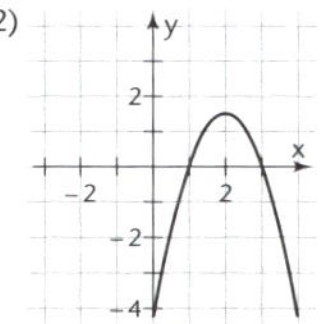


(3)
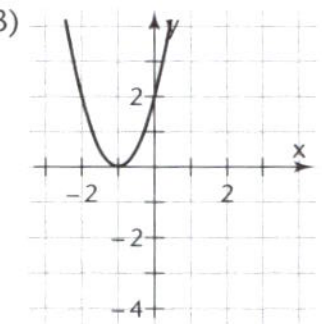


(4)
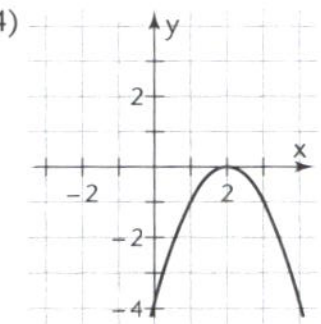


a) $y = 2(x + 1)^2$ Graph Nr.: *(3)* $y = 2x^2 + 4x + 2$

b) $y = -(x - 2)^2$ Graph Nr.: *(4)* $y = -x^2 + 4x - 4$

c) $y = (x - 2)(x + 1)$ Graph Nr.: *(1)* $y = x^2 - x - 2$

d) $y = 1{,}5(x - 1)(3 - x)$ Graph Nr.: *(2)* $y = -1{,}5x^2 + 6x - 4{,}5$

**3** Gib die gesuchten Koordinaten an.

a)
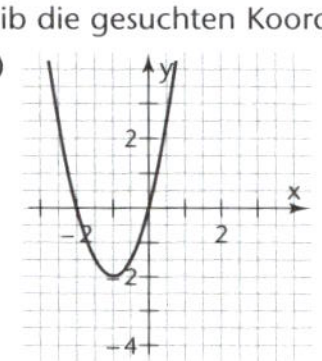


b)
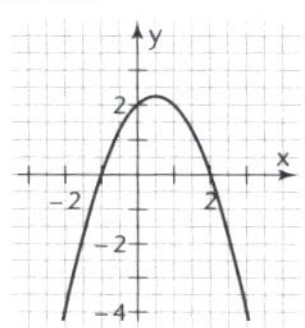


c)
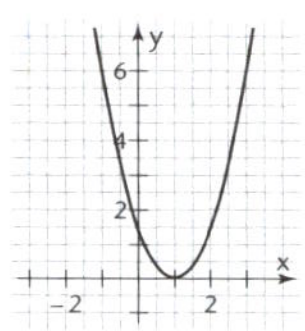


d)
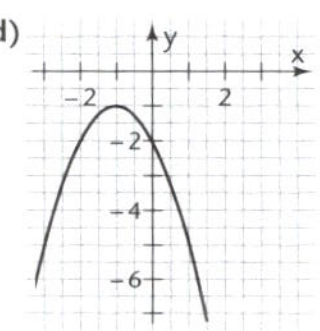


(1) Wo schneidet der Graph die x-Achse?
(2) Wo schneidet der Graph die y-Achse?
(3) Welche Koordinaten hat der höchste bzw. tiefste Punkt des Graphen?
(4) Welcher y-Wert gehört zum Wert x?
(5) Welche x-Werte gehören zum Wert y?

| | (1) | | (2) | (3) | (4) | | (5) | | |
|---|---|---|---|---|---|---|---|---|---|
| a) | −2 | 0 | 0 | (−1\|−2) | x = 0,5 | 2,5 | y = −1,5 | −0,5 | −1,5 |
| b) | −1 | 2 | 2 | (0,5\|2,25) | x = 3 | −4 | y = 2 | 0 | 1 |
| c) | 1 | – | 1,5 | (1\|0) | x = 2,5 | 3,5 | y = 1,5 | 0 | 2 |
| d) | – | – | −2 | (−1\|−1) | x = −2 | −2 | y = −5 | −3 | 1 |





## Quadratische Funktionen 4

**1** Stelle die Gleichung auf, die hier grafisch gelöst wird. Lies die Lösungen ab und überprüfe sie, indem du sie in die Gleichung einsetzt.

a)
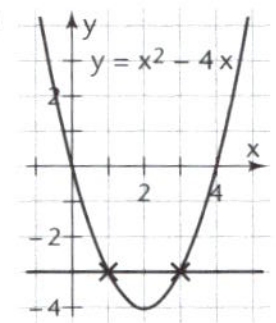


b)
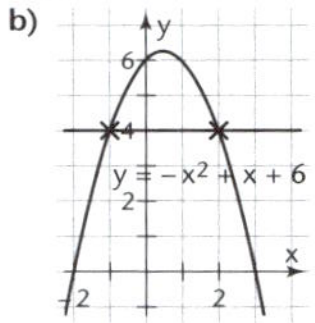


c)
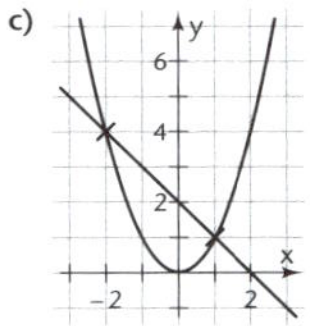


d)
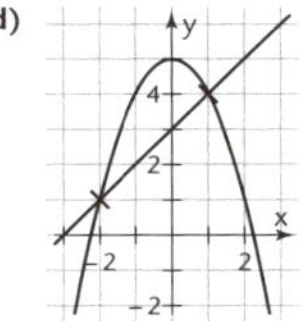


a) $x^2 - 4x = -3$
$x_1 = 1,\ x_2 = 3$

b) $-x^2 + x + 6 = 4$
$x_1 = -1,\ x_2 = 2$

c) $x^2 = -x + 2$
$x_1 = -2,\ x_2 = 1$

d) $-x^2 + 5 = x + 3$
$x_1 = -2,\ x_2 = 1$

**2** Löse grafisch.

a) $x^2 = 2x$ b) $x^2 = -1{,}5x + 1$
c) $x^2 + x - 2 = 0$ d) $x^2 - 0{,}5x - 3 = 0$

*a)* $x_1 = 0;\ x_2 = 2$

*b)* $x_1 = -2;\ x_2 = 0{,}5$

*c)* $x_1 = -2;\ x_2 = 1$

*d)* $x_1 = -1{,}5;\ x_2 = 2$

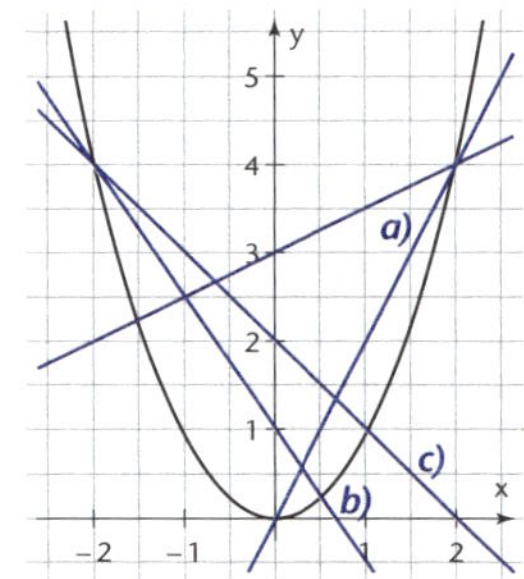


**3** Erzeuge den Graphen zu der Funktionsgleichung mit dem GTR (grafischer Taschenrechner) und beantworte die Fragen.

a) $y = x^2 - 1{,}05x - 2{,}7$ b) $y = -x^2 + 4x - 2{,}04$
c) $y = 3x^2 + 8x - 3$ d) $y = -3x^2 + 5{,}2x + 16$

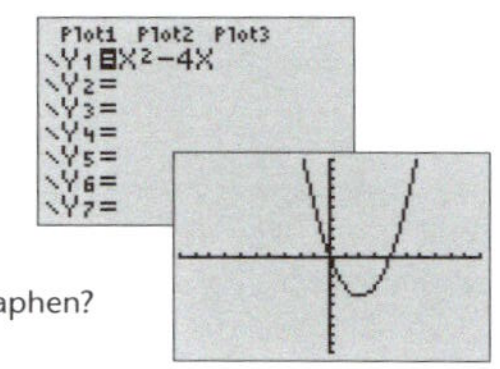


(1) Wo schneidet der Graph die x-Achse?
(2) Wo schneidet der Graph die y-Achse?
(3) Welche Koordinaten hat der höchste bzw. tiefste Punkt des Graphen?
(4) Welcher y-Wert gehört zum Wert x?
(5) Welche x-Werte gehören zum Wert y?

| | (1) | | (2) | (3) | (4) | | (5) | | |
|---|---|---|---|---|---|---|---|---|---|
| a) | −1,2 | 2,25 | −2,7 | (0,53\|−3,00) | x = 3 | 3,15 | y = 1 | −1,47 | 2,52 |
| b) | 3,4 | 0,6 | −2,04 | (2\|1,96) | x = 1 | 0,96 | y = −1 | 0,28 | 3,72 |
| c) | 0,33 | −3 | −3 | (−1,33\|−8,33) | x = −2 | −7 | y = 2 | 0,52 | −3,19 |
| d) | −1,6 | 3,33 | 16 | (0,87\|18,25) | x = 3 | 4,6 | y = 5 | −1,24 | 2,97 |

## Entdeckungen an Graphen quadratischer Funktionen 1

**1** Max behauptet, er habe ein Verfahren gefunden, mit dem er Punkte der Normalparabel konstruieren kann.
Er wählt auf der x-Achse einen Punkt A(x|0) und verbindet ihn mit dem Punkt B(0|−1). Dann zeichnet er in A die Senkrechte zu AB. Ihr Schnittpunkt mit der y-Achse ergibt die y-Koordinate des Punktes P. P ist ein Punkt der Normalparabel.

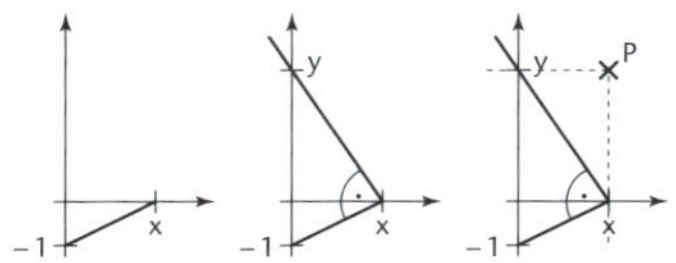


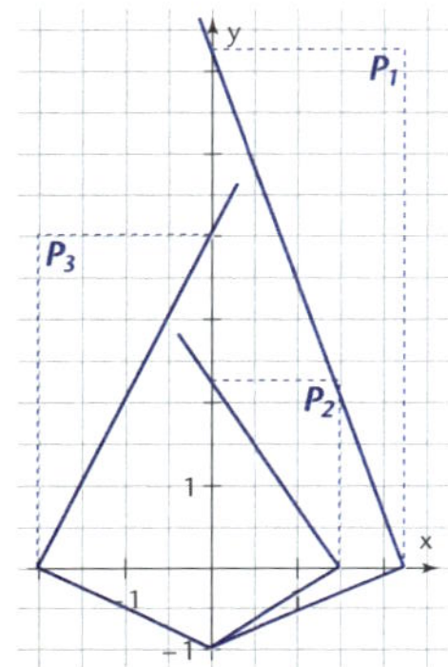


Konstruiere auf diese Art drei Punkte und überprüfe die Behauptung durch Rechnung.

*$2{,}5^2 = 6{,}25;\ \ 1{,}5^2 = 2{,}25;\ \ (-2)^2 = 4$*

**2** Bestimme a so, dass der Graph von $y = ax^2$ durch den Punkt P geht. Gib auch die Nummer des zugehörigen Graphen an.

a) P(6|18) a = *0,5* Graph: *(2)*

b) P(6|−72) a = *−2* Graph: *(4)*

c) P(6|54) a = *1,5* Graph: *(1)*

d) P(6|−9) a = *−0,25* Graph: *(3)*

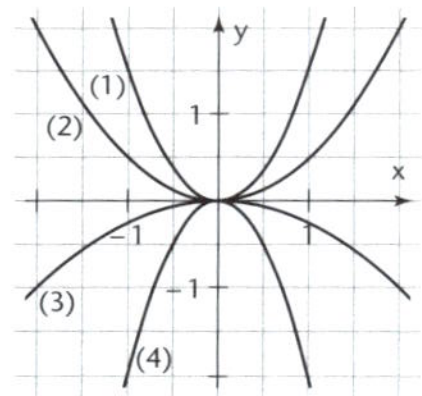


**3** Bestimme e so, dass der Graph der angegebenen Funktion durch den Punkt P geht. Gib auch die Nummer des zugehörigen Graphen an.

a) $y = x^2 + e$, P(4|14) e = *−2* Graph: *(2)*

b) $y = 0{,}5x^2 + e$, P(4|9,5) e = *1,5* Graph: *(1)*

c) $y = -3x^2 + e$ P(4|−46) e = *2* Graph: *(4)*

d) $y = -0{,}25x^2 + e$ P(4|−3,5) e = *0,5* Graph: *(3)*

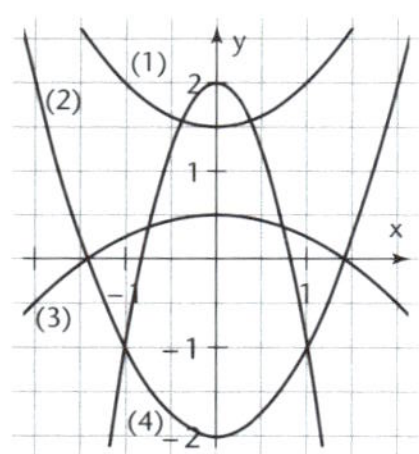


**4** Bestimme die Koeffizienten.

a) $y = ax^2 + e$ a = *0,5* e = *1,5*

b) $y = a(x-d)^2$ a = *−2* d = *−2*

c) $y = a(x-d)^2 + e$ a = *1* d = *1* e = *0,5*

d) $y = a(x-d)^2 + e$ a = *−3* d = *2,5* e = *1,5*

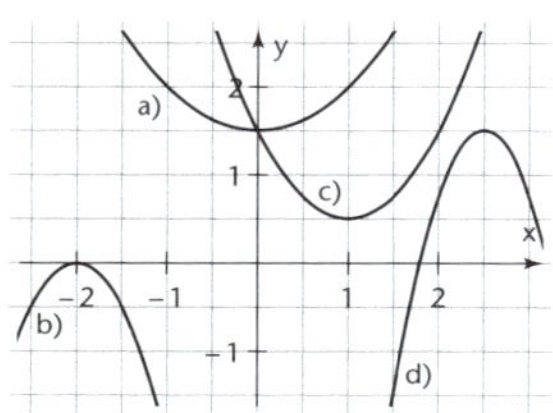






## Entdeckungen an Graphen quadratischer Funktionen 2

**1** Bestimme die zu dem Graphen gehörige Funktionsgleichung.

a) *$y = 2x^2 + 1$*

b) *$y = -x^2 + 0{,}5$*

c) *$y = -2x^2 + 3$*

d) *$y = 0{,}5x^2 - 2$*

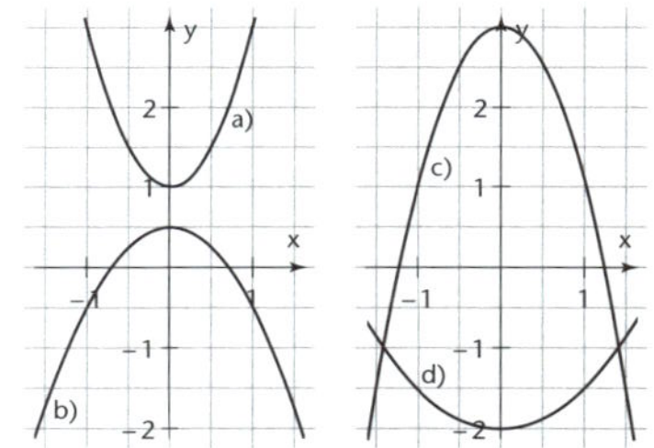


**2** Welcher Punkt liegt auf dem nicht mehr dargestellten Teil des Graphen?

a)
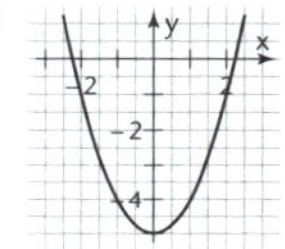

S(−4|11); C(5|20); H(−5|−30); I(7|45)

*$y = x^2 - 5$*

*S C*

b)
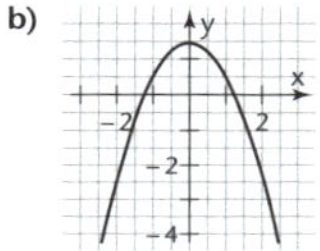

H(−4|−14,5); I(−5|53); E(5|−23,5); B(7|−34)

*$y = -x^2 + 1{,}5$*

*H E*

c)
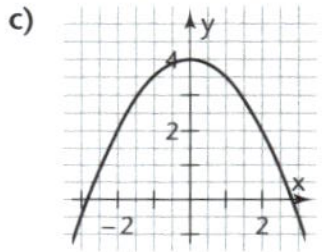

H(4|12); I(5|−8,5); R(−5|16,5); T(7|−20,5)

*$y = -0{,}5x^2 + 4$*

*I T*

d)
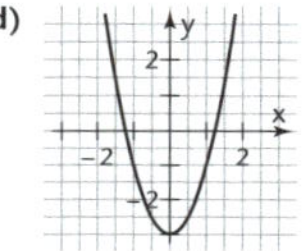

Z(4|30); I(−5|53); E(5|47); L(7|95)

*$y = 2x^2 - 3$*

*E L*

**3** Zeichne den Graphen.

a) $y = x^2 + 2$

b) $y = -x^2 + 1$

c) $y = (x+2)^2 + 1$

d) $y = (x-2)^2 + 1$

e) $y = -(x+2)^2 + 2$

f) $y = -(x-2)^2 + 2$

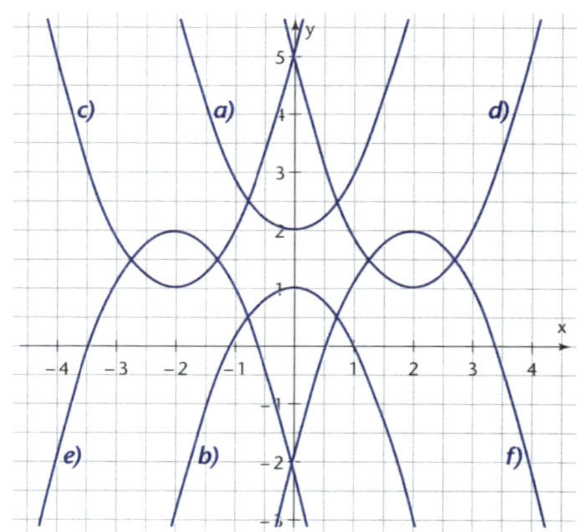

## Entdeckungen an Graphen quadratischer Funktionen 3

**1** Max sollte zu den Graphen die zugehörigen Funktionsgleichungen aufschreiben. Dabei hat er ziemlich viele Fehler gemacht. Korrigiere sie.

a) $y = (x - 1)^2 - 2$ $y = (x + 1)^2 - 2$

b) $y = -(x - 2)^2 + 1$ $y = -(x + 2)^2 + 1$

c) $y = (x + 2)^2 + 2$ $y = (x - 2)^2 + 1$

d) $y = -(x + 1)^2 - 1$ $y = -(x - 1)^2 + 1$

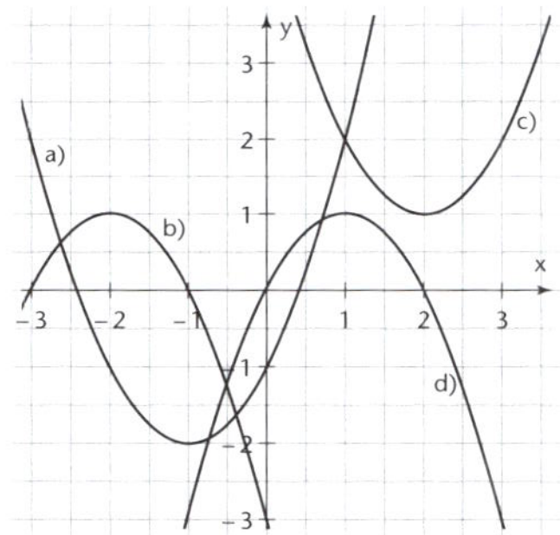


**2** Ergänze die Tabelle:

| Funktionsgleichung | Nullstellen | | Scheitelpunkt | Maximum oder Minimum |
|---|---|---|---|---|
| $y = (x - 1)(x - 5)$ | 1 | 5 | (3 \| –4) | Minimum |
| $y = (x + 4{,}5)(x - 2{,}5)$ | –4,5 | 2,5 | (–1 \| –8,75) | Minimum |
| $y = (x + 4)(2 - x)$ | –4 | 2 | (–1 \| 9) | Maximum |
| $y = (x + 2)(x + 6)$ | –2 | –6 | (–4 \| –4) | Minimum |
| $y = (1 - x)(x - 3)$ | 1 | 3 | (2 \| 1) | Maximum |

**3** Welche der Darstellungen beschreiben dieselbe Funktion?

a) $y = -x^2 + 4x$

b) $y = x^2 - 2x - 8$

c) $y = x^2 + 6x + 8$

d) $y = -x^2 + 10x - 21$

N: $y = (x + 2)(x + 4)$; $y = x^2 + 2x + 4x + 8$

T: $y = (x - 3)(7 - x)$; $y = -x^2 + 3x + 7x - 21$

D: $y = (x + 2)(x - 4)$; $y = x^2 + 2x - 4x - 8$

O: $y = x(4 - x)$; $y = -x^2 + 4x$

E: $y = -(x - 5)^2 + 4$; $y = -x^2 + 10x - 25 + 4$

A: $y = (x + 3)^2 - 1$; $y = x^2 + 6x + 9 - 1$

R: $y = -(x - 2)^2 + 4$; $y = -x^2 + 4x - 4 + 4$

I: $y = (x - 1)^2 - 9$; $y = x^2 - 2x + 1 - 9$

a) O R  b) D I  c) N A  d) T E

Gib die Nullstellen und Scheitelpunkte der Parabeln an.

| | Nullstellen | | Scheitelpunkt | | Nullstellen | | Scheitelpunkt |
|---|---|---|---|---|---|---|---|
| a) | 0 | 4 | (2 \| 4) | b) | –2 | 4 | (1 \| –9) |
| c) | –2 | –4 | (–3 \| –1) | d) | 3 | 7 | (5 \| 4) |





## Entdeckungen an Graphen quadratischer Funktionen 4

**1** Zeichne die gesuchte Parabel.
Die Normalparabel wird
a) um 2 Einheiten nach links und 3 nach unten verschoben,
b) um 3 Einheiten nach rechts und 1 Einheit nach oben verschoben,
c) an der x-Achse gespiegelt und um 2 Einheiten nach rechts und 1 Einheit nach unten verschoben,
d) um 1 Einheit nach links und 2 Einheiten nach unten verschoben und an der x-Achse gespiegelt.

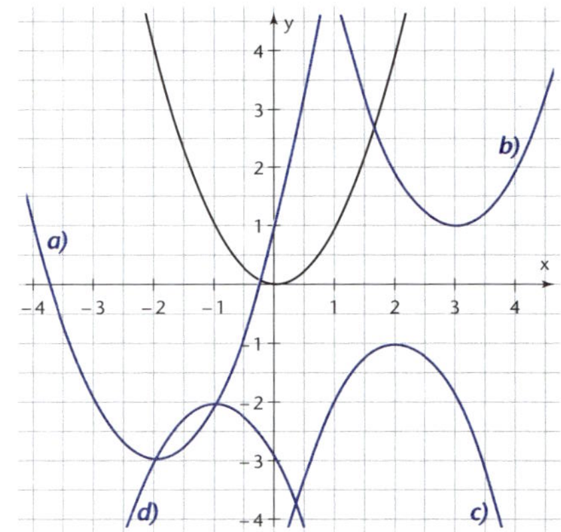


**2** Gib den Scheitelpunkt und die Scheitelpunktform der Parabel an, die durch die folgende Bedingung festgelegt wird. Skizziere dann die Parabel. Es genügt eine Darstellung in der Nähe des Scheitelpunkts.
Die Parabel entsteht aus der Normalparabel durch
a) eine Verschiebung um 2 Einheiten nach rechts und 3 nach unten,
b) eine Verschiebung um 4 Einheiten nach links und 2 nach oben,
c) eine Spiegelung an der x-Achse und eine Verschiebung um 3 Einheiten nach rechts und 4 nach oben,
d) eine Spiegelung an der x-Achse und eine Verschiebung um 1 Einheit nach links und 3 nach unten,
e) eine Verschiebung um 4 Einheiten nach links und 2 nach oben und eine Spiegelung an der x-Achse,
f) eine Verschiebung um 3 Einheiten nach links und 5 nach unten und eine Spiegelung an der y-Achse.

a) S(2 | –3) $y = (x - 2)^2 - 3$
b) S(–4 | 2) $y = (x + 4)^2 + 2$
c) S(3 | 4) $y = -(x - 3)^2 + 4$
d) S(–1 | –3) $y = -(x + 1)^2 - 3$
e) S(–4 | –2) $y = -(x + 4)^2 - 2$
f) S(3 | –5) $y = (x - 3)^2 - 5$

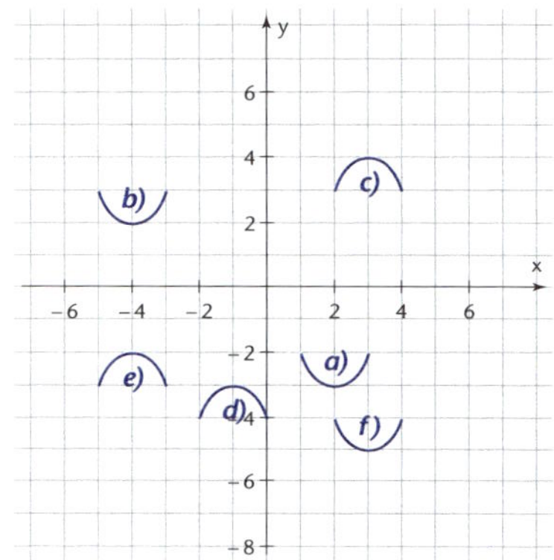

## Entdeckungen an Graphen quadratischer Funktionen 5

**1** Eine quadratische Funktion hat die gegebenen Nullstellen. Ordne die zugehörige Scheitelpunktform zu.

| | | | |
|---|---|---|---|
| $x_1 = 0$ | $x_2 = 2$ | $y = -(x - 4{,}5)^2 + 2{,}25$ | *A* |
| $x_1 = -1$ | $x_2 = 5$ | $y = -(x + 4)^2 + 6{,}25$ | *D* |
| $x_1 = 3$ | $x_2 = 6$ | $y = (x - 1)^2 - 1$ | *E* |
| $x_1 = -8$ | $x_2 = -2$ | $y = (x + 1{,}5)^2 - 20{,}25$ | *I* |
| $x_1 = -6$ | $x_2 = 3$ | $y = -(x + 5)^2 + 9$ | *N* |
| $x_1 = -1{,}5$ | $x_2 = -6{,}5$ | $y = -(x - 4{,}5)^2 + 16$ | *O* |
| $x_1 = -3{,}5$ | $x_2 = 4{,}5$ | $y = (x - 0{,}5)^2 - 16$ | *R* |
| $x_1 = 0{,}5$ | $x_2 = 8{,}5$ | $y = (x - 2)^2 - 9$ | *T* |

Lösungswort: ***ETANIDRO ORDINATE***

**2** Überführe die Funktionsgleichung in die Scheitelpunktform. Beachte, ob beim Scheitelpunkt ein Maximum oder ein Minimum vorliegt.

| | Nullstellen | | Koordinaten Scheitelpunkt | | Scheitelpunktform |
|---|---|---|---|---|---|
| a) $y = (x + 2)(x + 6)$ | *−2* | *−6* | *−4* | *−4* | $y = (x + 2)^2 - 4$ |
| b) $y = (x - 2)(x + 7)$ | *−7* | *1* | *−3* | *−16* | $y = (x + 3)^2 - 16$ |
| c) $y = (x + 2)(x - 8)$ | *−2* | *8* | *3* | *−25* | $y = (x - 2)^2 - 25$ |
| d) $y = (x - 1)(x - 9)$ | *1* | *9* | *5* | *−16* | $y = (x - 5)^2 - 16$ |
| e) $y = (x - 2)(4 - x)$ | *2* | *4* | *3* | *1* | $y = -(x - 3)^2 + 1$ |
| f) $y = (x + 3)(5 - x)$ | *−3* | *5* | *1* | *16* | $y = -(x - 1)^2 + 16$ |
| g) $y = (x + 9)(1 - x)$ | *−9* | *1* | *−4* | *25* | $y = -(x + 4)^2 + 25$ |

**3** Eine verschobene Normalparabel hat den Scheitelpunkt S. Stelle ihre Gleichung in der allgemeinen Form dar.

a) S(6|−3) $y = (x - 6)^2 - 3$ $y = x^2 - 12x + 33$ b) S(3|−6) $y = (x - 3)^2 - 6$ $y = x^2 - 6x + 3$

c) S(−6|−3) $y = (x + 6)^2 - 3$ $y = x^2 + 12x + 33$ d) S(3|6) $y = (x - 3)^2 + 6$ $y = x^2 - 6x + 15$

**4** Bei den Funktionen wurden die Nullstellen bestimmt. Finde die Fehler.
Die zugehörigen Buchstaben ergeben das Lösungswort.

| Funktion | $x_1$ | | $x_2$ | |
|---|---|---|---|---|
| $y = 3x^2 - 7{,}5x$ | 1 | F | 2,5 | R |
| $y = x^2 + 5x + 6$ | −3 | B | 2 | R |
| $y = -x^2 + 2x + 15$ | −3 | F | 4 | E |

| Funktion | $x_1$ | | $x_2$ | |
|---|---|---|---|---|
| $y = 2x^2 + x - 3$ | 1,5 | E | 1 | I |
| $y = x^2 - 4{,}5x + 2$ | 0,5 | E | 3 | I |
| $y = -1{,}5x^2 + 9x - 12$ | 2 | I | −4 | N |

Lösungswort: ***FERIEN***





## Entdeckungen an Graphen quadratischer Funktionen 6

**1** Eine verschobene Normalparabel hat den Scheitelpunkt S. Welche der Punkte liegen auf der Parabel?

a) S(10|−20) D(3|29); R(8|16); E(11|19); I(16|16) $y = (x - 10)^2 - 20$

b) S(−6|10) V(0|46); I(−3|19); E(−7|−11); R(−11|30) $y = (x + 6)^2 + 10$

Eine an der x-Achse gespiegelte und verschobene Normalparabel hat den Scheitelpunkt S. Welcher der Punkte liegt auf der Parabel?

c) S(2|−11) S(−4|−47); T(−1|20); I(0|−15); L(5|20) $y = (x - 2)^2 - 11$

d) S(−7|6) M(−11|10); O(−9|2); N(−6|5); D(−4|3) $y = (x + 7)^2 + 6$

Lösungswort: ***DIVISION***

**2** Ermittle den Scheitelpunkt und die Scheitelpunktform der Parabel.

| | | | | |
|---|---|---|---|---|
| a) $y = x^2 - 2x$ | $y = x(x - 2)$ | *0; 2* | S(1\|−1) | $y = (x - 1)^2 - 1$ |
| b) $y = x^2 + 3x$ | $y = x(x + 3)$ | *0; −3* | S(−1,5\|2,25) | $y = (x + 1{,}5)^2 + 2{,}25$ |
| c) $y = -x^2 + 6x$ | $y = -x(x - 6)$ | *0; 6* | S(3\|9) | $y = -(x - 3)^2 + 9$ |
| d) $y = x - x^2$ | $y = x(1 - x)$ | *0; 1* | S(0,5\|0,25) | $y = -(x - 0{,}5)^2 + 0{,}25$ |

**3** Gesucht wird die Gleichung einer verschobenen Normalparabel in der Scheitelpunktform und der allgemeinen Form.

a) Die Parabel hat den Scheitelpunkt S(−2|−4).
b) Die Parabel schneidet die x-Achse an den Stellen −2 und 5.
c) Die Parabel geht durch den Ursprung, ihre Symmetrieachse geht durch den Punkt P(2|0).
d) Die Parabel schneidet die y-Achse bei 4, ihre Symmetrieachse geht durch P(3|0).
e) Die Parabel geht durch den Ursprung, ihr Scheitelpunkt ist S(x|−4). (zwei Möglichkeiten)

a) $y = (x + 2)^2 - 4$ $y = x^2 + 4x$

b) $y = (x - 1{,}5)^2 - 12{,}25$ $y = x^2 - 3x - 10$

c) $y = (x - 2)^2 - 4$ $y = x^2 - 4x$

d) $y = (x - 3)^2 - 5$ $y = x^2 - 6x + 4$

e) $y = (x - 2)^2 - 4$, $y = (x + 2)^2 - 4$ $y = x^2 - 4x$, $y = x^2 + 4x$

**4** Die Graphen der verschobenen Normalparabeln sind nicht vollständig gezeichnet. Bestimme ihren Scheitelpunkt und gib ihre Gleichung an.

a)
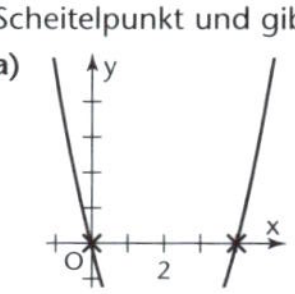


b)
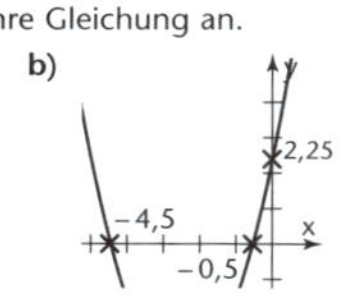


c)
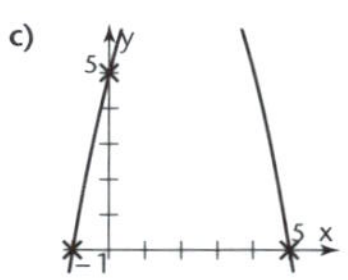


d)
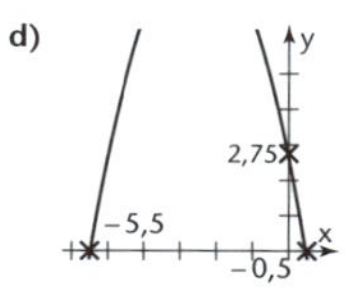


a) $y = (x - 2)^2 - 4$ b) $y = (x + 2{,}25)^2 - 4$

c) $y = -(x - 2)^2 + 9$ d) $y = -(x + 2{,}5)^2 + 9$

## Quadratische Gleichungen 1

**1** Gib die Lösungsmenge an.

a) $x^2 = 169$ — $L = \{-13; 13\}$

b) $x^2 - 196 = 0$ — $x^2 = 196$; $L = \{-14; 14\}$

c) $3x^2 = 48$ — $x^2 = 16$; $L = \{-4; 4\}$

d) $6x^2 - 54 = 0$ — $x^2 = 9$; $L = \{-3; 3\}$

e) $x^2 - 7 = 29$ — $x^2 = 36$; $L = \{-6; 6\}$

f) $2x^2 - 48 = 50$ — $2x^2 = 98$; $x^2 = 49$; $L = \{-7; 7\}$

g) $(x - 7)^2 = 9$ — $x - 7 = 3 \lor x - 7 = -3$; $x = 10 \lor x = 4$; $L = \{4; 10\}$

h) $(x + 6)^2 + 7 = 8$ — $x + 6 = 4 \lor x + 6 = -4$; $x = -10 \lor x = -2$; $L = \{-10; -2\}$

**2** Welche x-Werte gehören bei der Parabel zu dem angegebenen y-Wert?

a) $y = (x - 4)^2 - 5$  $y = 31$

$31 = (x - 4)^2 - 5$

$(x - 4)^2 = 36$

$x = 10;\ x = -2$

b) $y = 3(x + 2)^2 - 20$  $y = 28$

$28 = 3(x + 2)^2 - 20$

$(x + 2)^2 = 16$

$x = 2;\ x = -6$

**3** Bestimme d so, dass der zugehörige Graph durch den angegebenen Punkt P geht.

a) $y = (x - d)^2$  P(5|4)

$4 = (5 - d)^2$

$5 - d = 2 \lor 5 - d = -2$

$d = 3 \lor d = 7$

b) $y = (x - d)^2 + 6$  P(−6|10)

$4 = (-6 - d)^2$

$-6 = d = -2 \lor -6 - d = 2$

$d = -4 \lor d = -8$

**4** Gib die Lösungsmenge an.

a) $3x^2 - 6x = 0$ — $3x(x - 2) = 0$; $L = \{0; 2\}$

b) $15x - 5x^2 = 0$ — $5x(3 - x) = 0$; $L = \{0; 3\}$

c) $8x^2 = 2x$ — $2x(4x - 1) = 0$; $L = \{0; 0{,}25\}$

d) $3x = 12x^2$ — $3x(4x - 1) = 0$; $L = \{0; 0{,}25\}$

e) $x^2 - 5x = 8x$ — $x^2 - 13x = 0$; $x(x - 13) = 0$; $L = \{0; 13\}$

f) $8x^2 - 3x = 5x^2 - 6x$ — $3x^2 - 9x = 0$; $3x(x - 3) = 0$; $L = \{0; 3\}$

**5** Gib die Lösungsmenge an.

a) $x^2 - 14x + 49 = 0$ — $(x - 7)^2 = 0$; $L = \{7\}$

b) $x^2 + 3x + 2{,}25 = 0$ — $(x + 1{,}5)^2 = 0$; $L = \{-1{,}5\}$

c) $3x^2 + 12x + 12 = 0$ — $3(x + 2)^2 = 0$; $L = \{-2\}$

d) $x^2 - 10x + 25 = 16$ — $(x - 5)^2 = 16$; $x - 5 = -4 \lor x - 5 = 4$; $L = \{1; 9\}$

e) $x^2 + 2x + 1 = 25$ — $(x + 1)^2 = 25$; $x + 1 = -5 \lor x + 1 = 5$; $L = \{-6; 4\}$

f) $0{,}5x^2 + 4x + 8 = 32$ — $0{,}5(x + 4)^2 = 32$; $x + 4 = -4 \lor x + 4 = 4$; $L = \{-8; 0\}$





## Quadratische Gleichungen 2

**1** Bestimme die Lösungsmenge.

a) $x^2 - 6x + 8 = 0$ — $L = \{4; 2\}$

b) $x^2 - x - 12 = 0$ — $L = \{4; -3\}$

c) $x^2 + 5x + 4 = 0$ — $L = \{-4; -1\}$

d) $x^2 + 2x + 8 = 0$ — $L = \{\ \}$

e) $x^2 + 1{,}5x - 1 = 0$ — $L = \{0{,}5; -2\}$

f) $x^2 + 11x + 30{,}25 = 0$ — $L = \{-5{,}5\}$

g) $x^2 + 0{,}5x - 5 = 0$ — $L = \{-2{,}5; 2\}$

h) $x^2 + 2{,}5x - 6 = 0$ — $L = \{1{,}5; -4\}$

| | |
|---|---|
| {−3; 4} | A |
| {−5,5} | A |
| {−4; −1} | D |
| {−4; 1,5} | D |
| { } | I |
| {−2; 0,5} | K |
| {−2,5; 2} | N |
| {2; 4} | R |

Lösungswort: **RADIKAND**

**2** Bei den ersten Schritten zur Lösung der quadratischen Gleichung wurden teilweise Fehler gemacht. Die Buchstaben zu den falschen Rechnungen ergeben das Lösungswort.

| | | | | | | | | |
|---|---|---|---|---|---|---|---|---|
| a) | $x^2 + 12x - 14 = 0$<br>$x^2 + 12x + 6^2 = 14 + 36$<br>$(x + 6)^2 = 50$ | O | b) | $x^2 + 4x - 8 = 0$<br>$x^2 + 4x + 2^2 = 8 + 2$<br>$(x + 2)^2 = 10$ | R | c) | $x^2 - 6x + 7 = 0$<br>$x^2 - 6x + 9 = -7 + 9$<br>$(x - 9)^2 = 2$ | A |
| d) | $x^2 - 2x - 1 = 0$<br>$x^2 - 2x + 1 = 1 + 1$<br>$(x - 1)^2 = 2$ | U | e) | $x^2 + 2x - 14 = 0$<br>$x^2 + 2x + 1 = 1 + 14$<br>$(x + 1)^2 = 15$ | N | f) | $x^2 + 8x - 8 = 0$<br>$x^2 + 8x + 16 = 8 - 16$<br>$(x + 4)^2 = 8$ | D |
| g) | $x^2 - 8x + 6 = 0$<br>$x^2 - 8x + 4^2 = -6 + 16$<br>$(x - 4)^2 = 10$ | F | h) | $x^2 - 10x + 5 = 0$<br>$x^2 + 10x + 25 = -5 + 25$<br>$(x + 5)^2 = 20$ | I | i) | $x^2 - 4x + 3 = 0$<br>$x^2 - 4x + 4 = 3 + 4$<br>$(x - 2)^2 = 7$ | X |

Lösungswort: **RADIX**

**3** Löse die quadratischen Gleichungen mithilfe der pq-Formel.
Die Lösungen stellen eine Geheimschrift dar, die du mithilfe der Tabelle entschlüsseln kannst.

a) $x^2 - 2x - 15 = 0$ — $x_{1,2} = 1 \pm \sqrt{1 + 15}$; $L = \{-3; 5\}$

b) $x^2 - 5x + 4 = 0$ — $x_{1,2} = \frac{5}{2} \pm \sqrt{\frac{25}{4} - 4}$; $L = \{1; 4\}$

c) $x^2 - 3x + 2 = 0$ — $x_{1,2} = \frac{3}{2} \pm \sqrt{\frac{9}{4} - 2}$; $L = \{1; 2\}$

d) $x^2 + 7x + 12 = 0$ — $x_{1,2} = -\frac{7}{2} \pm \sqrt{\frac{49}{4} - 12}$; $L = \{-4; -3\}$

e) $x^2 + 2x - 8 = 0$ — $x_{1,2} = 1 \pm \sqrt{1 + 8}$; $L = \{-2; 4\}$

f) $x^2 + 5x + 6 = 0$ — $x_{1,2} = -\frac{5}{2} \pm \sqrt{\frac{25}{4} - 6}$; $L = \{-3; -2\}$

g) $x^2 - 4x - 5 = 0$ — $x_{1,2} = 2 \pm \sqrt{4 + 5}$; $L = \{-1; 5\}$

h) $x^2 + 2x - 3 = 0$ — $x_{1,2} = 1 \pm \sqrt{1 + 3}$; $L = \{-3; 1\}$

| | | y: 1 | −2 | 3 | −4 | 5 |
|---|---|---|---|---|---|---|
| x | −1 | A | B | C | D | E |
| | 2 | F | G | H | I | K |
| | −3 | L | M | N | O | P |
| | 4 | Q | R | S | T | U |
| | −5 | V | W | X | Y | Z |

$$x_{1,2} = -\frac{p}{2} \pm \sqrt{\frac{p^2}{4} - q}$$

Lösungswort: **PQFORMEL**

**4** a) Für welche k hat die Gleichung $x^2 + 2x + k^2 = 0$ ganzzahlige Lösungen?

$x_{1,2} = -1 \pm \sqrt{1 - k^2}$; ganzzahlige Lösung $\Rightarrow k = 1 \lor k = -1$

b) Für welche k hat die Gleichung $x^2 - 2kx + k = 0$ genau eine Lösung?

$x_{1,2} = k \pm \sqrt{k^2 - k}$; ganzzahlige Lösung $\Rightarrow k^2 - k = 0 \Rightarrow k(k - 1) = 0$

$\Rightarrow k = 0 \lor k = 1$

## Quadratische Gleichungen 3

**1** Bestimme die Lösungsmenge.

a) $3x^2 + 3x - 6 = 0$ — $L = \{-2; 1\}$

b) $0{,}5x^2 - x - 4 = 0$ — $L = \{-2; 4\}$

c) $30 - 4x = 2x^2$ — $L = \{-5; 3\}$

d) $0{,}75x^2 + 9 = -6x$ — $L = \{-6; -2\}$

e) $(x-1)(x+4) = 14$ — $L = \{-6; 3\}$

f) $(x+5)(x-1) = -8$ — $L = \{-3; -1\}$

g) $(x-6)(x+1) = 8$ — $L = \{-2; 7\}$

h) $4x^2 + 9x + 8 = x^2 - 6x + 80$ — $L = \{-8; 3\}$

i) $2x^2 - 10x + 27 = x(20 - x)$ — $L = \{1; 9\}$

k) $(x-4)^2 = 1 + 10x - 2x^2$ — $L = \{1; 5\}$

l) $4x^2 - 22 = (2x+3)(x+1)$ — $L = \{-2{,}5; 5\}$

m) $x^2 - 9 = 0{,}5(x-3)^2$ — $L = \{-9; 3\}$

n) $(2x-1)^2 = 34 - x^2$ — $L = \{-5{,}5; 3\}$

| A | D | E | I | I | I | K | M | N | N | R | S | T |
|---|---|---|---|---|---|---|---|---|---|---|---|---|
| {1; 5} | {-2; 1} | {2,2; 3} | {-2; 4} | {-3; -1} | {-8; 3} | {-6; -2} | {-2; 7} | {1; 9} | {-2,5; 5} | {-6; 3} | {-5; 3} | {-9; 3} |

Lösungswort: *DISKRIMINANTE*

**2** Bringe die Gleichungen in die Form $x^2 + px + q = 0$ und gib die Lösungsmenge an.

a) $2x^2 + 3x + 1 = 0$ — $x^2 + \frac{3}{2}x + \frac{1}{2} = 0$ — $L = \left\{-\frac{1}{2}; -1\right\}$

b) $8x^2 + 6x + 1 = 0$ — $x^2 + \frac{3}{4}x + \frac{1}{8} = 0$ — $L = \left\{-\frac{1}{4}; -\frac{1}{2}\right\}$

c) $3x^2 - x - 24 = 0$ — $x^2 - \frac{1}{3}x - 8 = 0$ — $L = \left\{-\frac{8}{3}; 3\right\}$

d) $7x^2 + x - 350 = 0$ — $x^2 + \frac{1}{7}x - 50 = 0$ — $L = \left\{-\frac{50}{7}; 7\right\}$

e) $7x^2 + 25x - 12 = 0$ — $x^2 + \frac{25}{7}x - \frac{12}{7} = 0$ — $L = \left\{\frac{3}{7}; -4\right\}$

f) $6x^2 + 7x - 3 = 0$ — $x^2 + \frac{7}{6}x - \frac{1}{2} = 0$ — $L = \left\{\frac{1}{3}; -\frac{3}{2}\right\}$

Bilde die Summe und das Produkt der Lösungen und trage sie unten ein. Die zugehörigen Buchstaben ergeben das Lösungswort.

| Summe | | | | | | Produkt | | | | | |
|---|---|---|---|---|---|---|---|---|---|---|---|
| a) | b) | c) | d) | e) | f) | a) | b) | c) | d) | e) | f) |
| $-\frac{3}{2}$ | $-\frac{3}{4}$ | $\frac{1}{3}$ | $-\frac{1}{7}$ | $-\frac{25}{7}$ | $-\frac{7}{6}$ | $\frac{1}{2}$ | $\frac{1}{8}$ | $-8$ | $-50$ | $-\frac{12}{7}$ | $-\frac{1}{2}$ |
| S | A | T | Z | V | O | N | V | I | E | T | A |

| A | A | E | I | N | O | S | T | T | V | V | Z |
|---|---|---|---|---|---|---|---|---|---|---|---|
| $-\frac{3}{4}$ | $-\frac{1}{2}$ | -50 | -8 | $\frac{1}{2}$ | $-\frac{7}{6}$ | $-\frac{3}{2}$ | $\frac{1}{3}$ | $-\frac{12}{7}$ | $-\frac{25}{7}$ | $\frac{1}{8}$ | $-\frac{1}{7}$ |

Lösungswort: *SATZVONVIETA*





## Quadratische Gleichungen 4

**1** Bestimme p bzw. q so, dass $x_1$ eine Lösung ist. Berechne auch die zweite Lösung.

a) $x^2 + 4x + q = 0$, $x_1 = 1$
$1 + 4 + q = 0 \Rightarrow q = -5$
$q = 1x_2 = -5 \Rightarrow x_2 = -5$

b) $x^2 - 2x + q = 0$, $x_1 = 3$
$9 - 6 + q = 0 \Rightarrow q = -3$
$q = 3x_2 = -3 \Rightarrow x_2 = -1$

c) $x^2 + px + 6 = 0$, $x_1 = 2$
$4 + 2p + 6 = 0 \Rightarrow p = -5$
$2 + x_2 = 5 \Rightarrow x_2 = 3$

d) $x^2 + px + 3{,}5 = 0$, $x_1 = 7$
$49 + 7p + 3{,}5 = 0 \Rightarrow q = -7{,}5$
$7 + x_2 = 7{,}5 \Rightarrow x_2 = 0{,}5$

**2** Bestimme b bzw. c so, dass $x_1$ eine Lösung ist. Berechne auch die zweite Lösung.

a) $2x^2 + 26x + c = 0$, $x_1 = -2$
$8 - 52 + c = 0 \Rightarrow c = 44$
$q = 22 = (-2)x_2 \Rightarrow x_2 = -11$

b) $0{,}5x^2 - x + c = 0$, $x_1 = -4$
$8 + 4 + c = 0 \Rightarrow c = -12$
$q = -24 = (-4)x_2 \Rightarrow x_2 = 6$

c) $3x^2 + bx - 33 = 0$, $x_1 = -11$
$363 - 11b - 33 = 0 \Rightarrow b = 30$
$-p = -10 = -11 + x_2 \Rightarrow x_2 = 1$

d) $0{,}25x^2 + bx - 16 = 0$, $x_1 = 4$
$4 + 4b - 16 = 0 \Rightarrow b = 3$
$-p = -12 = 4 + x_2 \Rightarrow x_2 = -16$

**3** Finde zwei Zahlen, deren Summe u und deren Produkt v ergibt.

a) $u = 5{,}5$, $v = 6$
$x^2 - 5{,}5x + 6 = 0$
$x_1 = 4,\ x_2 = 1{,}5$

b) $u = 5{,}5$, $v = -3$
$x^2 - 5{,}5x - 3 = 0$
$x_1 = 6,\ x_2 = -0{,}5$

**4** a) Bestimme q so, dass sich die Lösungen von $x^2 - 6x + q = 0$ um 4 unterscheiden.
$x_1 + x_2 = 6$ und $x_1 - x_2 = 4 \Rightarrow x_1 = 5$ und $x_2 = 1 \Rightarrow q = 5$

b) Bestimme p so, dass sich die Lösungen von $x^2 + px + 8 = 0$ wie 1 : 2 verhalten.
$2x_1 = x_2$ und $x_1x_2 = 8 \Rightarrow x_1^2 = 4 \Rightarrow x_1 = 2$ oder $x_1 = -2$ und $x_2 = 4$ oder $x_2 = -4 \Rightarrow p = -6$ oder $p = 6$

**5** a) Berechne die Nullstellen der Funktion.

(1) $f(x) = 3(x-3)^2 - 12$ — $x_1 = 1,\ x_2 = 5$

(2) $f(x) = 0{,}25x^2 + x - 15$ — $x_1 = -10,\ x_2 = 6$

b) Berechne die Schnittstellen von Parabel und Gerade.

(1) $f(x) = 0{,}5x^2 + 2x - 6$; $g(x) = 10$ — $x_1 = -8,\ x_2 = 4$

(2) $f(x) = 2x^2 - 6x - 40$; $g(x) = 4x + 60$ — $x_1 = -5,\ x_2 = 10$

c) Berechne die Schnittstellen der Parabeln.

(1) $f_1(x) = x^2 - 12x - 8$; $f_2(x) = -x^2 + 6$ — $x_1 = -1,\ x_2 = 7$

(2) $f_1(x) = 1{,}5x^2 - 4x + 7$; $f_2(x) = x^2 + 3x - 5$ — $x_1 = 2,\ x_2 = 12$

| -1; 7 | 2; 12 | -5; 10 | 1; 5 | -10; 6 | -8; 4 |
|---|---|---|---|---|---|
| A | L | M | N | O | R |

Lösungswort: *NORMAL*

## Quadratische Gleichungen 5

**1** Die Parabeln sind (bis auf zwei) verschobene bzw. an der x-Achse gespiegelte Normalparabeln. Berechne die markierten Schnittpunkte. Gib die Koordinaten der Schnittpunkte auf eine Stelle nach dem Komma gerundet an.

a) 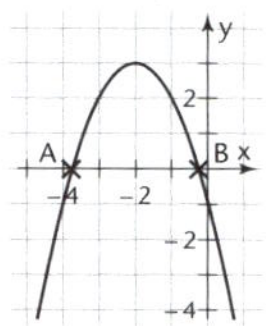

Gleichung: $-(x + 2)^2 + 3 = 0$

$x_{1,2} = -2 \pm \sqrt{3}$

$x_1 = -3{,}7$  $x_2 = -0{,}3$

A(–3,7 | 0) B(–0,3 | 0)

b) 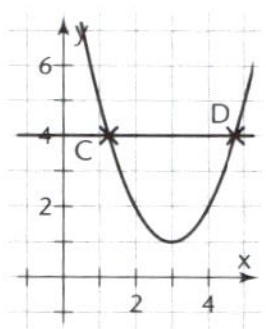

Gleichung: $(x - 3)^2 + 1 = 4$

$x_{1,2} = 3 \pm \sqrt{3}$

$x_1 = 1{,}3$  $x_2 = 4{,}7$

C(1,3 | 4) D(4,7 | 4)

c) 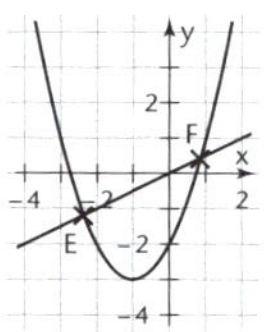

Gleichung: $(x + 1)^2 - 3 = 0{,}5x$

$x_{1,2} = -\frac{3}{4} \pm \frac{1}{4}\sqrt{41}$

$x_1 = -2{,}4$  $x_2 = 0{,}9$

E(–2,4 | –1,2) F(0,9 | 0,4)

d) 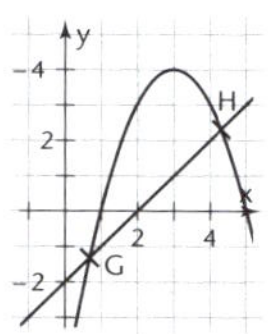

Gleichung: $-(x - 3)^2 + 4 = x - 2$

$x_{1,2} = \frac{5}{2} \pm \frac{1}{2}\sqrt{13}$

$x_1 = 0{,}7$  $x_2 = 4{,}3$

G(0,7 | –1,3) H(4,3 | 2,3)

e) 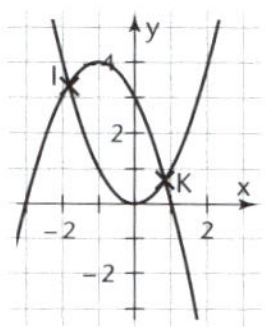

Gleichung: $x^2 = -(x + 1)^2 + 4$

$x_{1,2} = -\frac{1}{2} \pm \frac{1}{2}\sqrt{7}$

$x_1 = -1{,}8$  $x_2 = 0{,}8$

I(–1,8 | 3,3) K(0,8 | 0,7)

f) 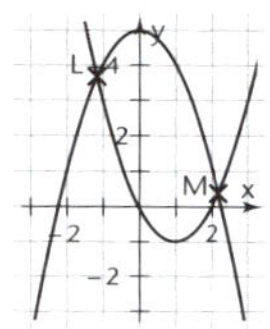

Gleichung: $-x^2 + 5 = (x - 1)^2 - 1$

$x_{1,2} = \frac{1}{2} \pm \frac{1}{2}\sqrt{11}$

$x_1 = -1{,}2$  $x_2 = 2{,}2$

L(–1,2 | 3,7) M(2,2 | 0,3)

g) 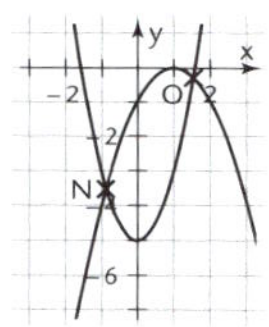

Gleichung: $2x^2 - 5 = -(x - 1)^2$

$x_{1,2} = -\frac{1}{3} \pm \frac{1}{3}\sqrt{13}$

$x_1 = -0{,}9$  $x_2 = 1{,}5$

N(–0,9 | –3,5) O(1,5 | –0,3)

h) 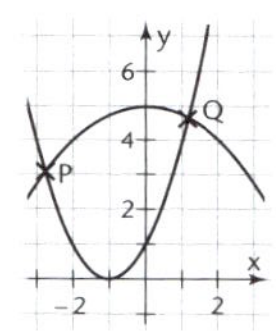

Gleichung: $-0{,}25x^2 + 5 = (x + 1)^2$

$x_{1,2} = -\frac{4}{5} \pm \frac{4}{5}\sqrt{6}$

$x_1 = -2{,}8$  $x_2 = 1{,}2$

P(–2,8 | 3,1) Q(1,2 | 4,7)

*Lösungen:* (–3,7 | 0); (–2,8 | 3,1); (–2,4 | –1,2); (–1,8 | 3,3); (–1,2 | 3,7); (–0,9 | –3,5); (–0,3 | 0) ; (0,7 | –1,3); (0,8 | 0,7); (0,9 | 0,4); (1,2 | 4,7); (1,3 | 4); (1,5 | –0,3); (2,2 | 0,3); (4,3 | 2,3); (4,7 | 4)

**2** a) Wie groß ist der Inhalt der grünen Fläche, wenn P die x-Koordinate 0,8 hat?

$A(x) = x(-1{,}5x + 6);\ A(0{,}8) = 3{,}84$

b) Für welche x-Koordinate von P ist der Inhalt gleich 4,5?

$x(-1{,}5x + 6) = 4{,}5,\ x = 1 \text{ oder } x = 3$

c) Für welche x-Koordinate von P ist der Inhalt maximal?

$x = 2,\ A(2) = 6$

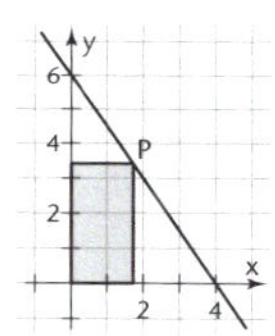





## Quadratische Gleichungen 6

**1** In einem Garten sind Bäume in Reihen angepflanzt.
Wie viele Bäume stehen in einer Reihe, wie viele Reihen sind es?

Anzahl der Reihen: x

Anzahl der Bäume in einer Reihe: $x + 9$

Gleichung: $x(x + 9) = 112$

Lösung: Anzahl der Reihen: 7

Bäume je Reihe: 16

**2** Ein rechteckiger Garten hat eine Fläche von 180 m². Zum Einzäunen braucht man 20 Pfosten, die im Abstand von 2 m aufgestellt werden. Der erste und der letzte Pfosten stehen direkt an der Hauswand.
Wie lang und wie breit ist der Garten?

Länge des Zauns: $19 \cdot 2\,m = 38\,m$

Flächeninhalt: $A = x \cdot y = x(38 - 2x)$  Gleichung: $x(38 - 2x) = 180$

Lösung: $x_1 = 10;\ x_2 = 9$  Länge: 18 m  Breite: 10 m

**3** Die Zehnerziffer einer zweistelligen Zahl ist um 4 größer als ihre Einerziffer. Multipliziert man die Zahl mit ihrer Quersumme, so erhält man 730. Wie heißt die Zahl?

Zehnerziffer: x  Einerziffer: $x - 4$  Zahl: $10x + x - 4$

Quersumme: $x + x - 4$  Gleichung: $(10x + x - 4)(x + x - 4) = 730$

Lösung: $x_1 = -\frac{51}{11};\ x_2 = 7$  Zahl: 73

**4** Eine 20 cm langer Stab soll so geteilt werden, dass sich das kleinere Stück zum größeren so verhält wie das größere zum ganzen Stab.
Wie lang ist das größere Stück?

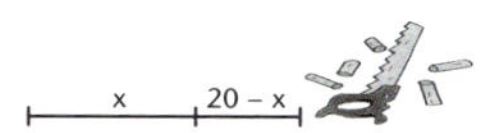


Verhältnisgleichung: $\frac{20 - x}{x} = \frac{x}{20}$

Quadratische Gleichung: $x^2 + 20x - 400 = 0$  Lösung: $x_{1,2} = -10 \pm 10\sqrt{5};\ x \approx 12{,}4$

**5** König Quadratus wohnt in einem riesigen Palast mit quadratischem Grundriss. In der Mitte jeder Seite ist ein Tor. 20 m vor dem Nordtor steht eine alte Eiche. Geht man aus dem Südtor 14 m nach Süden und dann 1775 m nach Westen, kann man die Eiche sehen.
Wie breit ist der Palast?

Gleichung: $(34 + x)x = 71\,000$

Lösung: $x_2 = -284;\ x_2 = 250$

## Rechtwinkliges Dreieck

**1** Berechne die Länge der grünen Strecke.

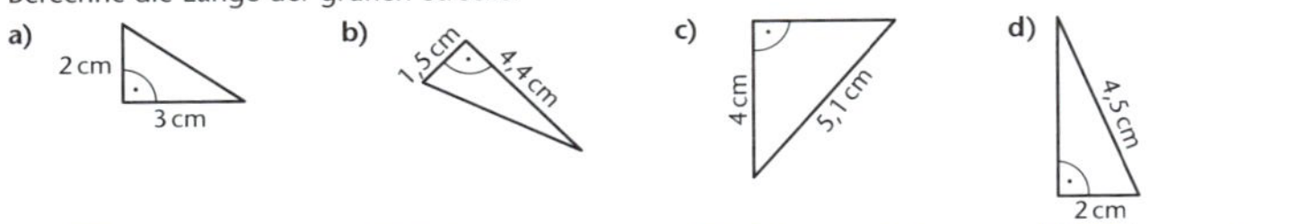


a) $\sqrt{13}$ cm
b) $\sqrt{21{,}61}$ cm ≈ 4,6 cm
c) $\sqrt{10{,}01}$ cm ≈ 3,2 cm
d) $\sqrt{16{,}25}$ cm ≈ 4 cm

**2** Gib für jede Größe eine Formel zur Berechnung an.

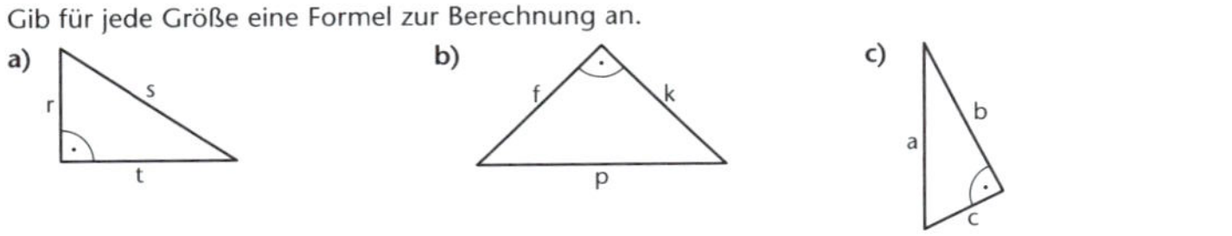


a) $r = \sqrt{s^2 - t^2}$; $s = \sqrt{r^2 + t^2}$; $t = \sqrt{s^2 - r^2}$

b) $f = \sqrt{p^2 - k^2}$; $p = \sqrt{f^2 + k^2}$; $k = \sqrt{p^2 - f^2}$

c) $a = \sqrt{b^2 + c^2}$; $b = \sqrt{a^2 - c^2}$; $c = \sqrt{a^2 - b^2}$

**3** Berechne für die rechtwinkligen Dreiecke jeweils die fehlenden Größen.

| | | | | | |
|---|---|---|---|---|---|
| Kathete u | 3 cm | 5,5 cm | 12,5 cm | 1 cm | ≈ 15,0 cm |
| Kathete v | $\sqrt{40}$ cm | 8,2 cm | 8 cm | 2 cm | 12 cm |
| Hypotenuse w | 7 cm | ≈ 9,9 cm | ≈ 14,8 cm | $\sqrt{5}$ cm | 19,2 cm |
| Flächeninhalt A | $3\sqrt{10}$ cm² | 22,55 cm² | 50 cm² | 1 cm² | ≈ 89,93 cm² |

**4** a) Zeichne die Punkte A(−2|1) und C(2|3) in das Koordinatensystem. Ergänze den Punkt B(2|y) so, dass das Dreieck ABC rechtwinklig ist mit dem rechten Winkel an B. Wie lang sind die Dreiecksseiten?

$\overline{AB} = 4$   $\overline{BC} = 2$   $\overline{AC} = 2 \cdot \sqrt{5}$

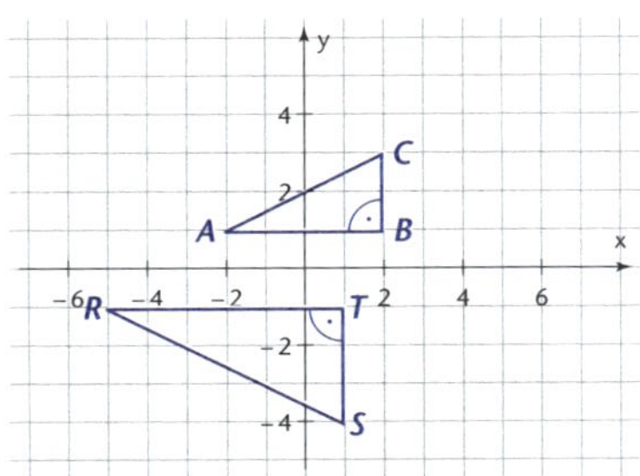


b) Konstruiere das rechtwinklige Dreieck RST mit R(−5|−1), S(1|−4) und rechtem Winkel an T(1|y). Berechne den Umfang des Dreiecks.

$6 + 3 + \sqrt{45} \approx 15{,}7$

c) Bestimme den Abstand zwischen den Punkten

K(0|−3) und L(6|−1). $\sqrt{6^2 + 2^2} = \sqrt{40} = 2\sqrt{10} \approx 6{,}3$

P(1|−6) und Q(3|2). $\sqrt{8^2 + 2^2} = \sqrt{68} = 2\sqrt{17} \approx 8{,}2$





## Abstände im Raum

**1** a) Zeichne in das dreidimensionale Koordinatensystem die Punkte A(1|4|3), B(−2|1|−3), C(3|0|4) und D(2|−1|1).

b) Bestimme die Abstände dieser Punkte vom Koordinatenursprung.

A: $\sqrt{26}$

B: $\sqrt{14}$

C: 5

D: $\sqrt{6}$

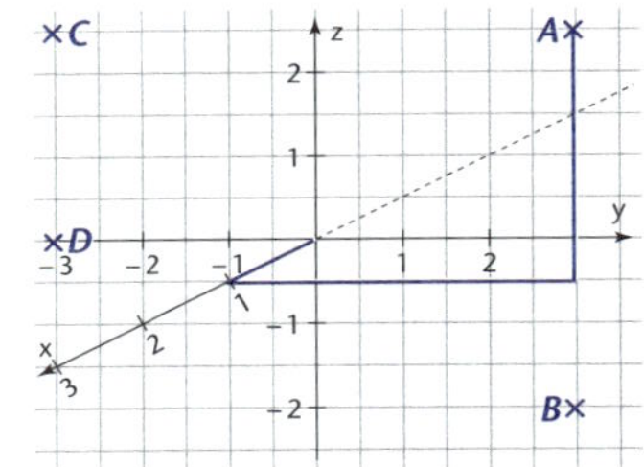


**2** a) Lies die fehlenden Koordinaten der Punkte im dreidimensionalen Koordinatensystem ab.

A(1| −1 | 2 ), B(−1| 1 | −1,5 ),

C(0| 2 | 0 ), D(2| 3 | 3 ).

b) Bestimme die Abstände der Punkte voneinander.

$\overline{AB} = 4{,}5$   $\overline{BC} = \frac{1}{2}\sqrt{17}$

$\overline{AC} = \sqrt{14}$   $\overline{BD} \approx 5{,}8$

$\overline{AD} = \sqrt{18}$   $\overline{CD} = \sqrt{14}$

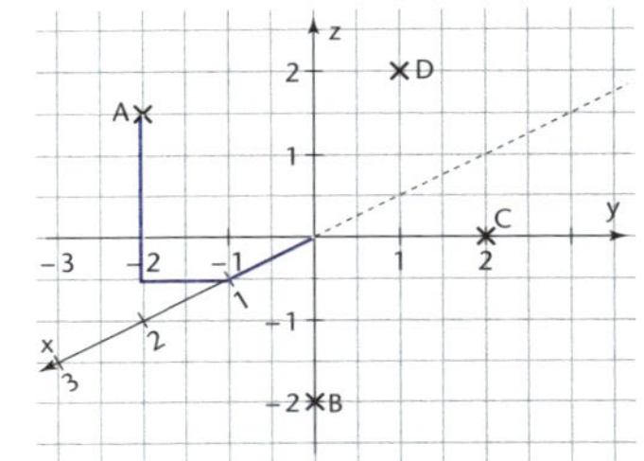


**3** Im Raum ist ein Dreieck ABC durch die Punkte A(2|4|6), B(−1|5|−8) und C(3|−4|1) gegeben. Bestimme die Seitenlängen dieses Dreiecks.

$\overline{AB} = \sqrt{206} \approx 14{,}4$

$\overline{BC} = \sqrt{178} \approx 13{,}3$

$\overline{AC} = \sqrt{90} \approx 9{,}5$

**4** Untersuche, ob das Dreieck ABC gleichschenklig ist.

a) A(4|0|1), B(5|−3|−1), C(7|0|−1) $\overline{AB} = \sqrt{14}$, $\overline{AC} = \sqrt{13}$, $\overline{BC} = \sqrt{13}$   ja

b) A(−2|2|0), B(5|−3|1), C(−1|−6|3) $\overline{AB} = \sqrt{75}$, $\overline{AC} = \sqrt{74}$, $\overline{BC} = 7$   nein

c) A(3|3|3), B(2|1|−1), C(5|4|7) $\overline{AB} = \sqrt{21}$, $\overline{AC} = \sqrt{21}$, $\overline{BC} = \sqrt{82}$   ja

## Konstruktionen

**1** Konstruiere mithilfe des Satzes von Pythagoras Quadrate mit den angegebenen Flächeninhalten.

A = 5 cm² $5 = 1^2 + 2^2$ **a)** A = 20 cm² $20 = 16 + 4 = 4^2 + 2^2$

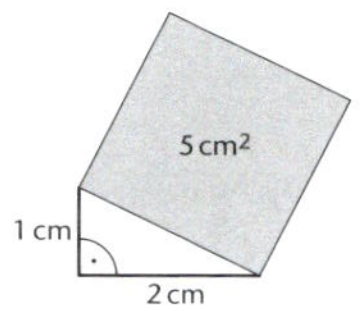


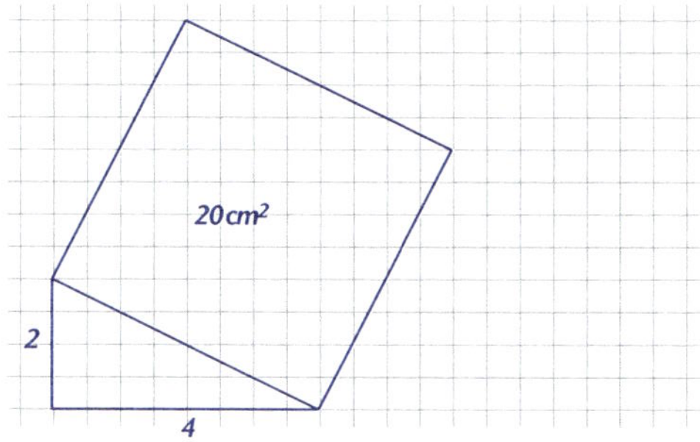


**b)** A = 41 cm² $41 = 25 + 16 = 5^2 + 4^2$ **c)** A = 50 cm² $50 = 49 + 1 = 7^2 + 1^2 \; (= 5^2 + 5^2)$

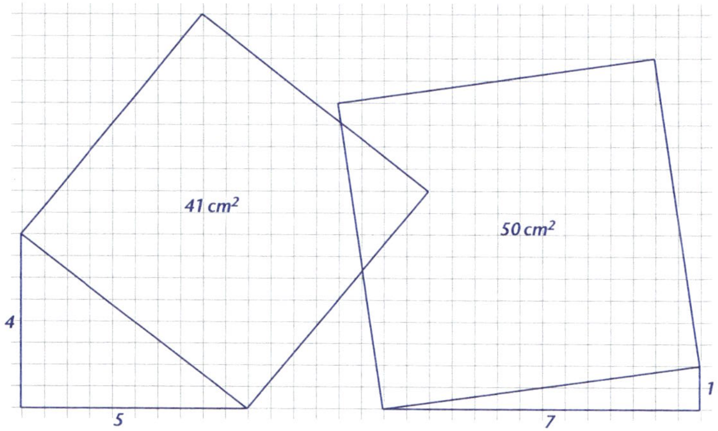


**2** Zeichne eine Raute, deren Diagonalen 6 cm und 3,5 cm lang sind. Bestimme die Seitenlänge

a) durch Messen: 3,4 cm

b) durch Rechnung: 3,47 cm

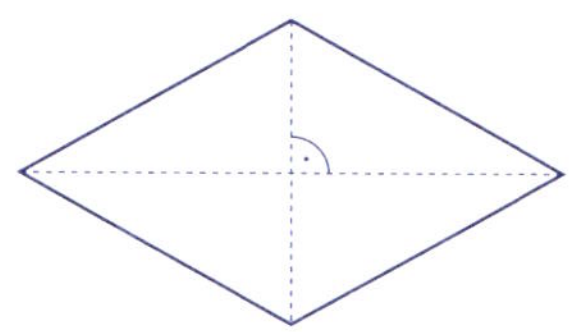





## Flächeninhalt von Figuren

**1** Berechne den Inhalt und den Umfang der gefärbten Fläche.

a)

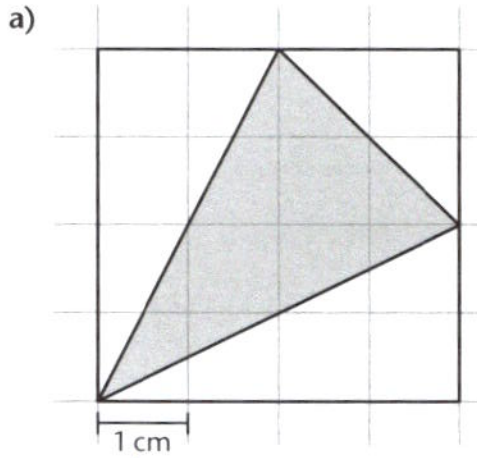


$A = \left(16 - \frac{1}{2}\cdot 4\cdot 2 - \frac{1}{2}\cdot 4\cdot 2 - \frac{1}{2}\cdot 2\cdot 2\right)\text{cm}^2$

$= 6\,\text{cm}^2$

$U = (\sqrt{20} + \sqrt{20} + \sqrt{8})\,\text{cm}$

$\approx 11{,}8\,\text{cm}$

b)

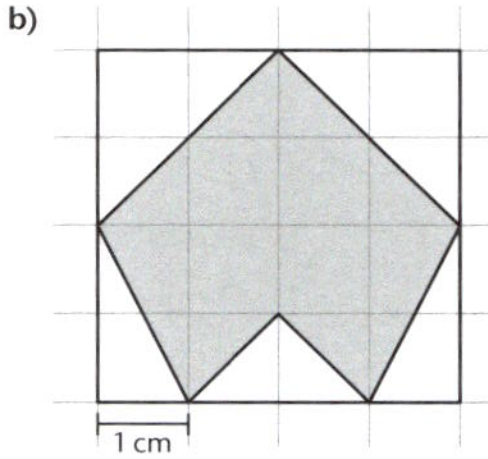


$A = \left(16 - 2\cdot\left(\frac{1}{2}\cdot 1\cdot 2\right) - 2\cdot\left(\frac{1}{2}\cdot 2\cdot 2\right) - \frac{1}{2}\sqrt{2}\sqrt{2}\right)\text{cm}^2$

$= 9\,\text{cm}^2$

$U = \left(2\cdot(\sqrt{5} + \sqrt{2} + \sqrt{8})\right)\text{cm}$

$\approx 12{,}96\,\text{cm}$

c)

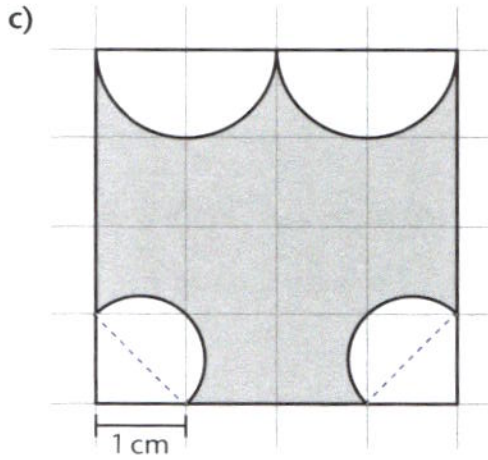


$A = 16 - 2\cdot\frac{1}{2}\cdot\pi\cdot 1^2 - 1 - 2\cdot\frac{1}{2}\cdot\pi\cdot\left(\frac{\sqrt{2}}{2}\right)^2$

$= 16 - \pi - 1 - \frac{1}{2}\pi$

$A = \left(15 - \frac{3}{2}\pi\right)\text{cm}^2 \approx 10{,}3\,\text{cm}^2$

$U = \left(2\cdot 3 + 2 + 2\pi\cdot\frac{\sqrt{2}}{2} + 2\pi\cdot 1\right)\text{cm}$

$\approx 18{,}7\,\text{cm}$

d)

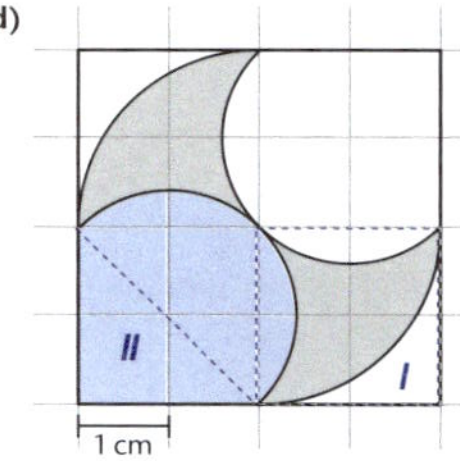


$A_I = 4 - \frac{1}{4}\pi\cdot 4 = 4 - \pi$

$A_{II} = \frac{1}{2}\cdot 2\cdot 2 + \frac{1}{2}\pi\cdot(\sqrt{2})^2 = 2 + \pi$

$(A_I + A_{II})\cdot 2 = 12, \quad A = (16 - 12)\,\text{cm}^2 = 4\,\text{cm}^2$

$U = \left(2\cdot\frac{1}{4}\cdot 2\pi\cdot 2 + 2\cdot\frac{1}{2}\cdot 2\pi\cdot\frac{1}{2}\cdot\sqrt{8}\right)\text{cm}$

$= (2\pi + \sqrt{8}\,\pi)\,\text{cm} \approx 15{,}2\,\text{cm}$

**2** Welcher Anteil des Quadrats ist gefärbt?

$d_Q = \sqrt{32}, \quad r = \sqrt{32} - 4$

gefärbt: $\frac{1}{4}\pi\cdot 16 + \frac{1}{4}\pi\cdot(\sqrt{32} - 4)^2 \approx 14{,}7$

Anteil: $\frac{A_{gefärbt}}{A_{gesamt}} \approx 92\,\%$

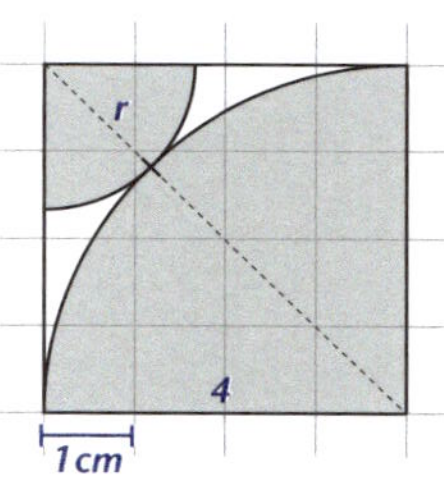

## Körper

**1** Berechne die Länge der Seitendiagonalen und der Raumdiagonalen bei einem Würfel mit der Kantenlänge 4 cm.

*$d = \sqrt{32}$ cm*

*$e = \sqrt{48}$ cm*

**2** Berechne die Länge der Seitendiagonalen und der Raumdiagonalen des Quaders.

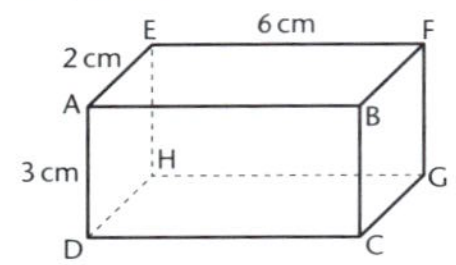


*$\overline{DB} = \sqrt{45}$ cm*

*$\overline{DE} = \sqrt{13}$ cm*

*$\overline{DG} = \sqrt{40}$ cm*

*$\overline{DF} = 7$ cm*

**3** Bestimme die fehlenden Größen bei der quadratischen Pyramide.

| | a) | b) | c) | d) | e) |
|---|---|---|---|---|---|
| x | 5 cm | *≈ 7,5 cm* | *≈ 5,7 cm* | *≈ 14,3 cm* | 4 cm |
| d | *≈ 7,1 cm* | *≈ 10,6 cm* | 8 cm | *≈ 20,2 cm* | *≈ 5,7 cm* |
| h | 9 cm | 6 cm | *3 cm* | 7 cm | *≈ 5,1 cm* |
| s | *≈ 9,7 cm* | 8 cm | 5 cm | *≈ 12,3 cm* | *≈ 5,9 cm* |
| $h_s$ | *≈ 9,3 cm* | *≈ 7,1 cm* | *≈ 4,1 cm* | 10 cm | 5,5 cm |

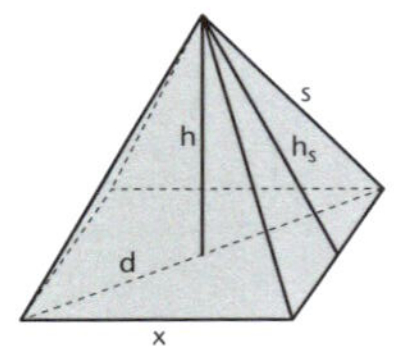


**4** Ein Tetraeder hat eine Kantenlänge von a = 6 cm. Berechne die Größe seiner Oberfläche.

$O = 4 \cdot A_\triangle = 4 \cdot \frac{1}{2} \cdot a \cdot h_a$

$= 2 \cdot a \sqrt{a^2 - \frac{1}{4} a^2} = 2 \cdot a \cdot \frac{1}{2} \cdot \sqrt{3}\, a$

$= \sqrt{3}\, a^2 \approx 62{,}35\ \text{cm}^2$

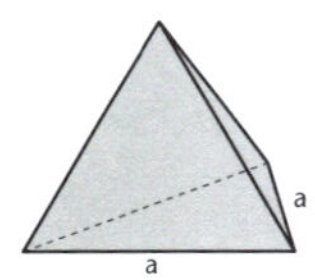


**5** a) Familie Winter kauft sich einen kleinen Eckschrank. Als Türbreite gibt der Händler 30 cm an. Überprüfe diese Angabe.

$20^2 + 20^2 = 800,\ \sqrt{800} \approx 28{,}3$

*⇒ Falsche Angabe des Händlers.*

b) Herr Winter möchte einen Zwischenboden in den Schrank legen. Wie groß wird dieser?

$50^2 - \frac{1}{2} \cdot 20 \cdot 20 = 2300$, *d. h.* $23\ \text{dm}^2$

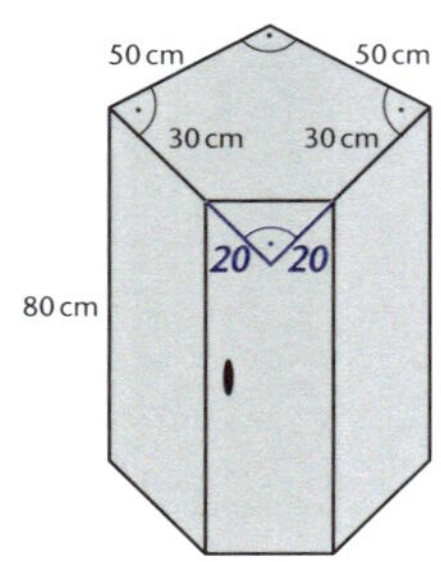






## Berechnungen an Dreiecken

**1** Berechne die fehlenden Größen.

| | a) | b) | c) | d) | e) | f) |
|---|---|---|---|---|---|---|
| a | *15,4 cm* | *7,9 cm* | 6 cm | *7,8 cm* | *8,8 cm* | *6,5 cm* |
| b | *19,2 cm* | 9 cm | *6,7 cm* | *15,7 cm* | 10 cm | *5,0 cm* |
| c | *24,6 cm* | 12 cm | *9 cm* | *17,5 cm* | *13,3 cm* | 8,2 cm |
| p | *9,6 cm* | *5,3 cm* | 4 cm | 3,5 cm | *5,8 cm* | *5,1 cm* |
| q | 15 cm | *6,8 cm* | *5 cm* | *14 cm* | 7,5 cm | 3,1 cm |
| h | 12 cm | *6 cm* | *4,5 cm* | 7 cm | *6,6 cm* | *4,0 cm* |

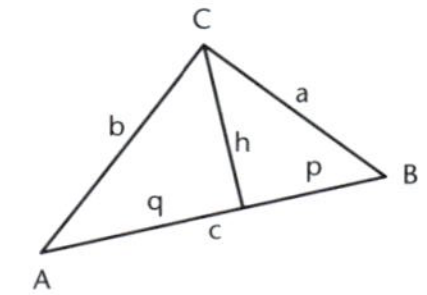


**2** a) Ein gleichseitiges Dreieck hat die Seitenlänge a = 5 cm. Berechne seinen Flächeninhalt.

$h = \sqrt{5^2 - 2{,}5^2} \approx 4{,}33;\ A \approx 10{,}8\ \text{cm}^2$

b) Ein gleichseitiges Dreieck hat eine Höhe von 5 cm. Berechne Seitenlänge und Flächeninhalt.

$a \approx 5{,}8\ \text{cm};\ A \approx 14{,}4\ \text{cm}^2$

c) Ein gleichseitiges Dreieck hat einen Flächeninhalt von 5 cm². Berechne Seitenlänge und Höhe.

$a \approx 3{,}4\ \text{cm};\ h \approx 2{,}9\ \text{cm}$

**3** Berechne die fehlenden Größen in einem gleichschenkligen Dreieck ABC mit der Basis $\overline{AB}$.

a) $\overline{AB} = 18$ cm, $\overline{BC} = 15$ cm

U = *48 cm* A = $\frac{1}{2} \cdot 18\ \text{cm} \cdot 12\ \text{cm} = 108\ \text{cm}^2$

b) $h_{AB} = 20$ cm, $\overline{AC} = 25$ cm

$\overline{AB}$ = *30 cm* A = *300 cm²*

c) $\overline{AB} = 9{,}4$ cm, $h_{AB} = 2{,}5$ cm

A = *11,75 cm²* U = *20,0 cm*

**4** Konstruiere ein Dreieck mit a = 6,7 cm, b = 3 cm und c = 6 cm.

Ist das Dreieck rechtwinklig? *durch Messen nicht zu entscheiden*

Überprüfe durch Rechnung. *nein (45 ≠ 44,89)*

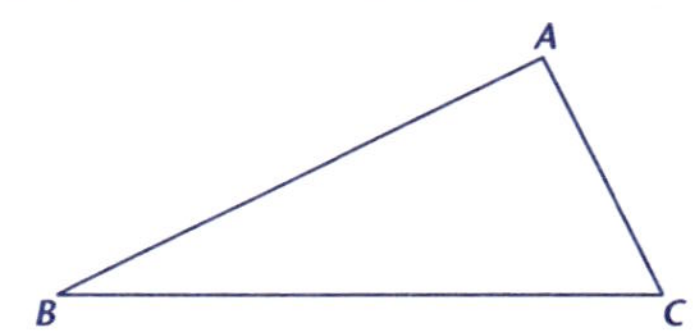

## Höhensatz

**1** Konstruiere mit dem Höhensatz aus einem Rechteck mit a = 6 cm und b = 3 cm ein flächeninhaltsgleiches Quadrat. Miss die Seitenlänge und überprüfe dein Ergebnis rechnerisch.

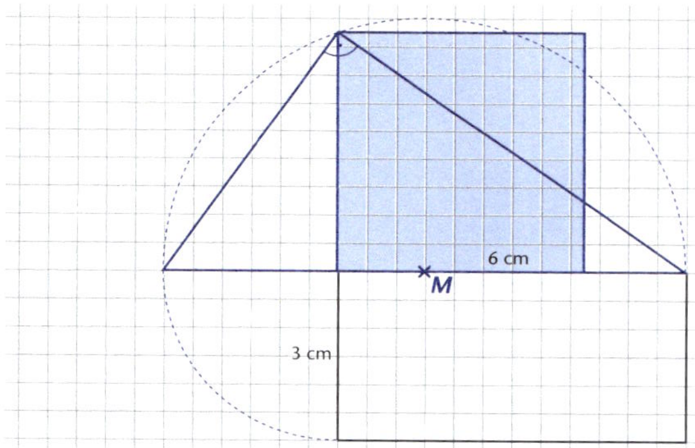


Messung: *4,2 cm*  Rechnung: *$\sqrt{18}$ cm ≈ 4,2 cm*

**2** a) Konstruiere mit dem Höhensatz ein Quadrat mit dem Flächeninhalt A = 15 cm².
b) Verwandle das in **a)** konstruierte Quadrat in ein flächeninhaltsgleiches Rechteck mit einer 7 cm langen Seite. Wie lang ist die andere Seite? Miss und rechne.

*$\frac{15}{7}$ cm ≈ 2,14 cm*

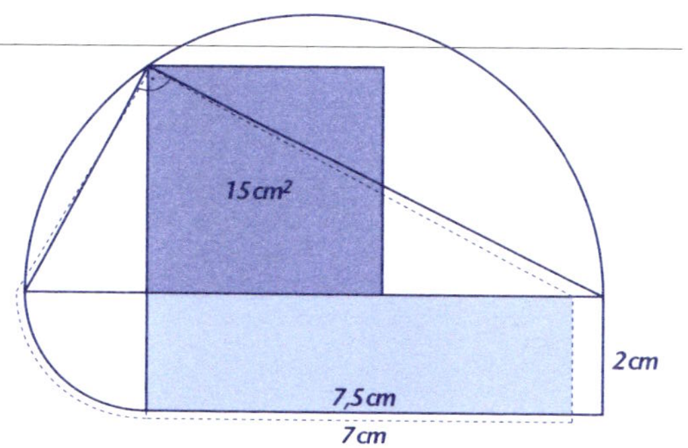


**3** Ein rechtwinkliges Dreieck hat die Hypotenusenabschnitte p = 4,5 cm und q = 6 cm. Berechne seinen Flächeninhalt und Umfang.

*c = 10,5 cm, a ≈ 6,9 cm, b ≈ 7,9 cm, U ≈ 25,3 cm, A ≈ 27,3 cm,*

*$h_c = \sqrt{27}$ cm*

**4** Konstruiere mithilfe des Höhensatzes eine Strecke der Länge $\sqrt{5}$.

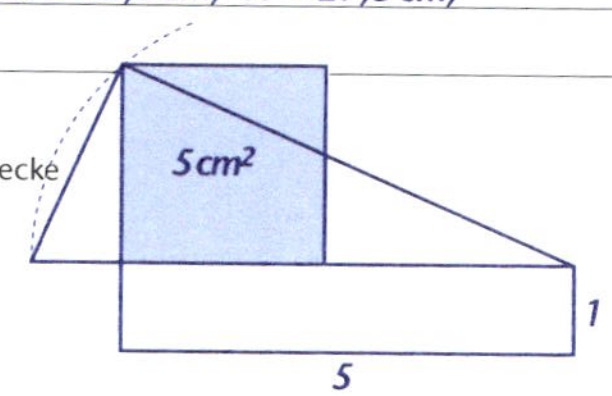






## Kathetensatz

**1** Zeichne ein rechtwinkliges Dreieck (α = 90°) mit 4 cm und 2,5 cm langen Hypotenusenabschnitten.

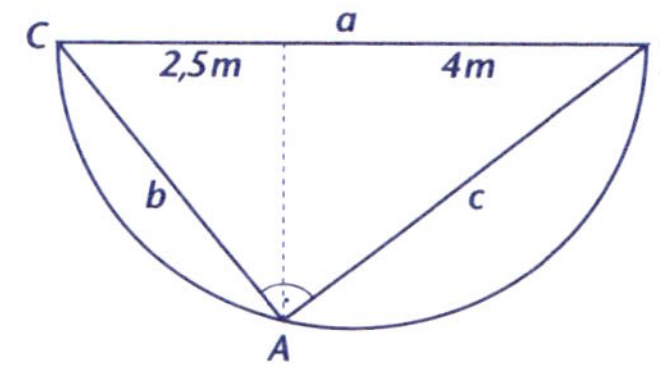


a) Bestimme die Seitenlängen durch Messen.

a = *6,5 cm*  b = *4 cm*

c = *5,1 cm*

b) Überprüfe deine Ergebnisse durch Rechnung.

a = *6,5 cm*  b = *4,03 cm*

c = *5,1 cm*

**2** a) Ein rechtwinkliges Dreieck hat eine 8 cm lange Hypotenuse, der Hypotenusenabschnitt p ist 5 cm lang. Wie lang ist die zugehörige Kathete?

*$\sqrt{40}$ cm ≈ 6,3 cm*

b) In einem rechtwinkligen Dreieck ist eine Kathete 7,5 cm lang, der zugehörige Hypotenusenabschnitt 4,5 cm. Wie lang ist die Hypotenuse?

*11,25 cm*

c) In einem rechtwinkligen Dreieck sind die Katheten 3,4 cm und 5,2 cm lang. Berechne die Länge der Hypotenusenabschnitte.

*Hypotenuse: 6,2 cm, Abschnitte: ≈ 1,86 cm und ≈ 4,36 cm*

**3** Verwandle mithilfe des Kathetensatzes die Rechtecke in flächeninhaltsgleiche Quadrate.

**4** Verwandle mithilfe des Kathetensatzes ein Quadrat mit der Kantenlänge 3 cm in ein flächeninhaltsgleiches Rechteck mit einer 7 cm langen Seite.

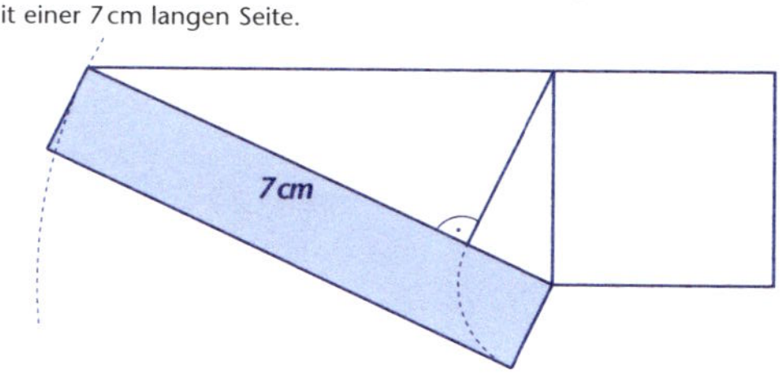

## Anwendungen 1

**1** Lisa und Janne haben sich zu einem Einkaufsbummel verabredet. Wie weit sind sie momentan (Luftlinie) voneinander entfernt?

*1,78 km*

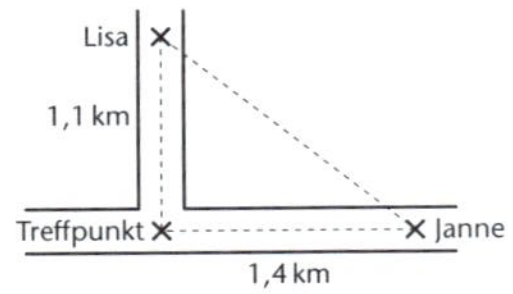


**2** Ein Deich hat den nebenstehenden Querschnitt. Berechne seine Höhe h und die Länge l der Böschung.

$h^2 + h^2 = 14^2,\quad h = \sqrt{98} \approx 9{,}9$

$l^2 = h^2 + (50 - 5 - h)^2$

$l \approx 36{,}47\,m$

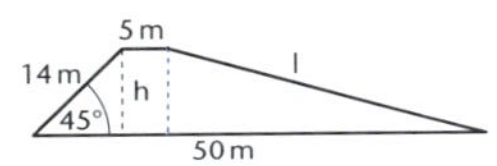


**3** Die dreieckige Giebelwand eines Tordaches soll verkleidet werden.

a) Wie groß ist die zu bearbeitende Fläche?

*8,4 m²*

b) Die seitlichen Dachbalken sollen verstärkt werden und 30 cm überstehen. Wie lang müssen die Dachbalken mindestens sein?

*4,40 m*

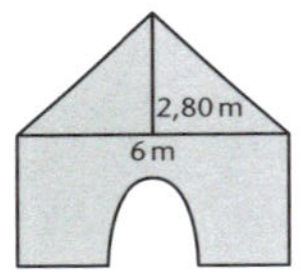


**4** Tobias und Lars haben für eine Gartenparty zwischen zwei Bäumen in 3 m Höhe ein 4,60 m langes Seil gespannt und in seiner Mitte eine Partysonne (Durchmesser 80 cm) aufgehängt. Die Bäume stehen 4,50 m auseinander. Wie groß darf ein Gast höchstens sein, damit er ohne sich zu bücken unter der Partysonne durchgehen kann?
Fertige zunächst eine Planfigur an.
(Tipp: Beachte, dass die Partysonne „durchhängt")

$x = \sqrt{2{,}3^2 - 2{,}25^2} = 0{,}477$ d. h. 47,7 cm

300 cm – 47,7 cm – 80 cm = 172,3 cm

*höchstens 1,72 m*

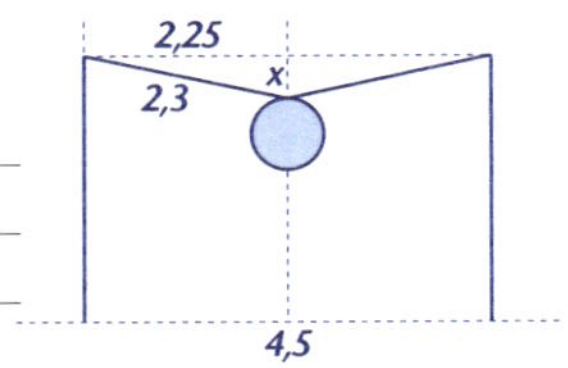


**5** Familie Suhrer hat sich ein Grundstück gekauft. Wieviel mussten sie bezahlen, wenn der Quadratmeterpreis bei 165 € liegt?

$x = \sqrt{40^2 + 25^2} \approx 47{,}17 \quad (5\sqrt{89})$

$h = \sqrt{10{,}5^2 - 8{,}6^2} \approx 6{,}05$

$A = A_{\triangle} + A_T = 500 + 232{,}44 = 732{,}44$

$732{,}44 \cdot 165\,€ = 120\,852{,}60\,€$

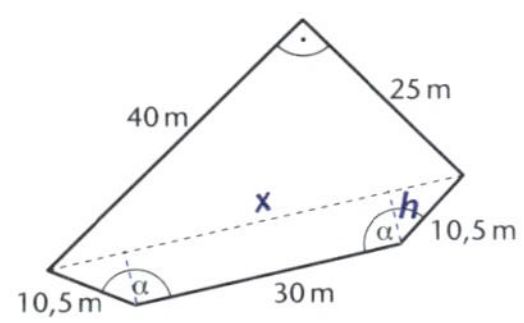






## Anwendungen 2

**1** Einem Quadrat ist ein Rechteck mit den Kantenlängen 4 cm und 8 cm einbeschrieben. Wie groß ist der Flächeninhalt des Quadrats?

$a_1 = \sqrt{32}\,cm,\quad a_2 = \sqrt{8}\,cm$

$A = (\sqrt{32} + \sqrt{8})^2 cm^2,\quad A = 72\,cm^2$

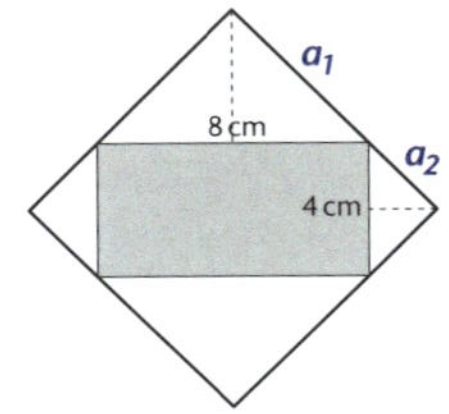


**2** An der Ecke eines quadratischen Marktplatzes von 140 m Länge steht ein 50 m hoher Turm. Für eine Aufführung beim Stadtfest benötigt eine Artistengruppe ein 200 m langes Seil, das von der Turmspitze zur Erde gespannt werden muss.
Ist der Marktplatz groß genug?

$d_{Marktplatz} = \sqrt{140^2 + 140^2} \approx 198$

$\sqrt{50^2 + d^2} = 204{,}2 > 200$ (passt)

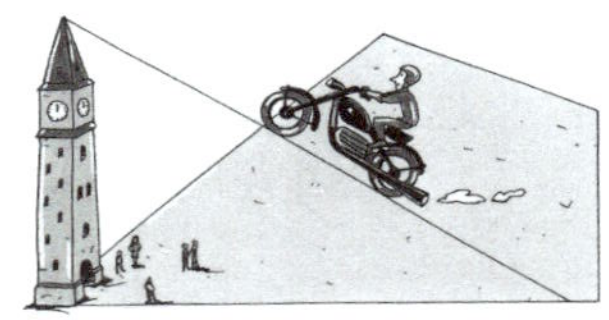

**3** a) Herr Huber fährt auf einer geradlinigen Straße mit einer Steigung von 7 % aus Bullingen los. Nach 5 km hält er an einer Parkbucht an. Welchen Höhenunterschied hat er bis hierhin überwunden?

*349 m*

b) Nach einer kurzen Pause fährt er weiter bis zu einer Aussichtsstelle, die 420 m höher als Bullingen liegt. Wie viele Kilometer ist er seit seinem ersten Halt gefahren?

*1,015 km*

**4** a) Ein Kreis mit einem Radius von 4 cm hat eine 5,5 cm lange Sehne. Wie groß ist der Abstand der Sehne vom Mittelpunkt?

$\sqrt{16 - 2{,}75^2} \approx 2{,}9$; also 2,9 cm

b) Konstruiere von E aus die Tangenten an den Kreis und nenne die Berührpunkte B und C. (Tipp: Satz des Thales).
Wie lang sind $\overline{BE}$ und $\overline{CE}$? Überprüfe rechnerisch.

$\overline{BE} = \sqrt{49 - 16} = 5{,}74$; also 5,74 cm

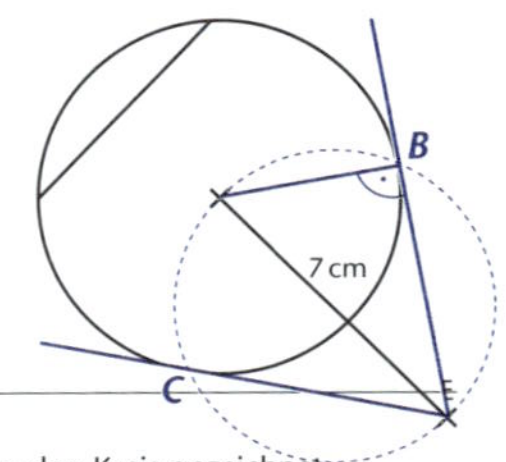


**5** Bei einem anderen Kreis werden von einem Punkt P aus Tangenten an den Kreis gezeichnet. Die Entfernung von P zu den Berührpunkten beträgt 15 cm, die Sehne zwischen den Berührpunkten ist 8 cm lang. Welchen Radius hat der Kreis?

$r = 4{,}15\,cm$

## Anwendungen 3

**1** Bei einem Wohnungsbrand will die Feuerwehr Personen aus einem 8 m hoch gelegenen Fenster retten. Der Feuerwehrwagen steht 2,50 m vor dem Haus, die Befestigung der Leiter befindet sich auf dem Wagen in 1 m Höhe über dem Erdboden.

Wie weit muss die Leiter mindestens ausgefahren werden? *7,45 m*

**2** Drei Würfel sind aufeinander gestapelt.
Der größte hat die Kantenlänge a, bei den weiteren halbiert sich jeweils die Kantenlänge.

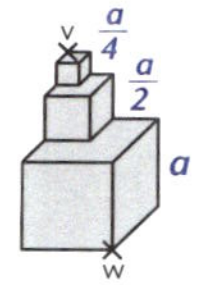


a) Ein Marienkäfer krabbelt von V nach W. Wie lang ist der kürzeste Weg?
$\frac{1}{4}\sqrt{2}\,a + \frac{1}{4}a + \frac{1}{2}\left(\frac{1}{2}\sqrt{2}\,a\right) + \frac{1}{2}a + \frac{1}{2}(\sqrt{2}\,a) + a = (\sqrt{2} + 1{,}75)\,a \approx 3{,}16\,a$

b) Wie weit sind die Punkte per Luftlinie voneinander entfernt?
*2,25 a*

**3** Am Eingang eines Zirkuszeltes sind Lichterketten angebracht. Wie viel Meter wurden benötigt?

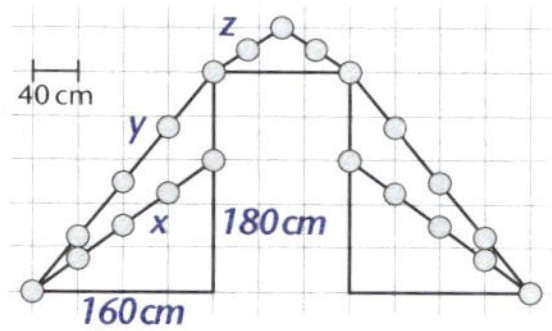


$2\cdot(x + y + z) \approx 2\cdot(200\,\text{cm} + 256{,}12\,\text{cm} + 7{,}75\,\text{cm})$
$= 927{,}74\,\text{cm} \approx 9{,}3\,\text{m}$

**4** Eine Gaststätte hat an ihrem Eingang ihr Namensschild mit nebenstehender Konstruktion befestigt. Berechne die Längen v, x, y und z.

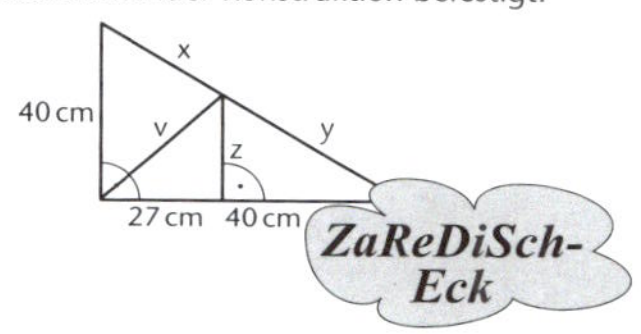


$z^2 = 27\cdot 40$  $z = 32{,}9\,\text{cm}$
$y = 51{,}8\,\text{cm}$
$v = 42{,}5\,\text{cm}$
$x = 26{,}2\,\text{cm}$

**5** Berechne den Flächeninhalt und Umfang der grünen Flächen.

a)

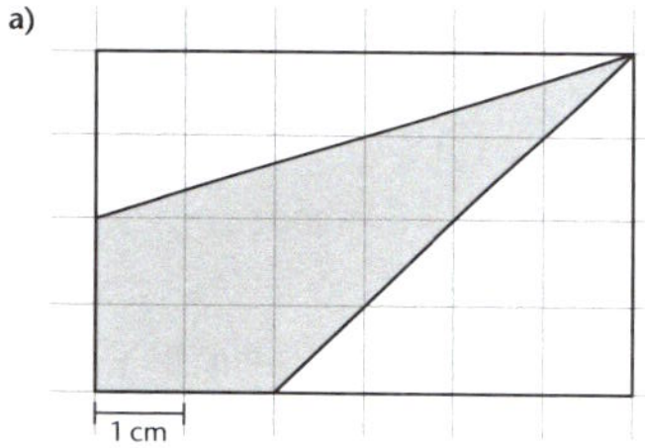


A = $24\,\text{cm}^2 - \frac{1}{2}\cdot 4\cdot 4\,\text{cm}^2 - \frac{1}{2}\cdot 2\cdot 6\,\text{cm}^2 = 10\,\text{cm}^2$

U = $4\,\text{cm} + \sqrt{32}\,\text{cm} + \sqrt{40}\,\text{cm} \approx 15{,}98\,\text{cm}$

b)

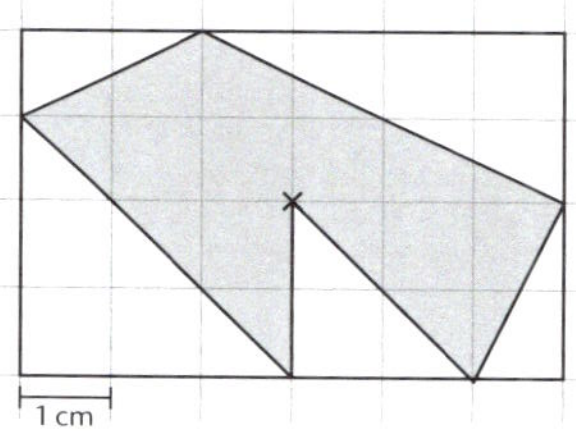


A = $11{,}5\,\text{cm}^2$

U = $(\sqrt{18} + \sqrt{5} + \sqrt{20} + \sqrt{5} + \sqrt{8} + 2)\,\text{cm} \approx 18\,\text{cm}$





## Potenzen mit natürlichen Exponenten

**1** Schreibe mithilfe von Potenzen.

a) $81 = 3^4$
b) $1024 = 2^{10}$
c) $-256 = -2^8$
d) $0{,}001 = 0{,}1^3$
e) $0{,}000\,008 = 0{,}02^3$
f) $0{,}0625 = 0{,}5^4$
g) $\frac{125}{243} = \frac{5^3}{3^5}$
h) $\frac{625}{216} = \frac{5^4}{6^3}$
i) $-\frac{243}{64} = -\frac{3^5}{2^6}$
k) $\frac{x\cdot x\cdot x\cdot x}{y\cdot y\cdot y\cdot y} = \left(\frac{x}{y}\right)<^4$
l) $\frac{a\cdot a\cdot a}{x^2\cdot x^2\cdot x^2} = \left(\frac{a}{x^2}\right)<^3$ oder $\frac{a^3}{x^6}$
m) $x^2 - 2xy + y^2 = (x - y)^2$

**2** Um welchen Faktor ändert sich das Volumen bzw. die Oberfläche? Nutze Potenzen.

| Alle Kantenlängen werden … | Volumen | Oberfläche |
|---|---|---|
| … verdoppelt. | $\cdot 2^3$ | $\cdot 2^2$ |
| … verdreifacht. | $\cdot 3^3$ | $\cdot 3^2$ |
| … mit n multipliziert. | $\cdot n^3$ | $\cdot n^2$ |

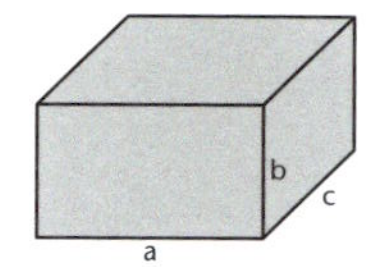


**3** Vereinfache.

a) $\left(\frac{3}{4}\right)<^5\cdot 4^5 : 3^2 = 3^3$
b) $\left(\frac{1}{2}\right)<^5\cdot\left(\frac{3}{5}\right)<^5\cdot\frac{32}{243} = \left(\frac{1}{5}\right)<^5$
c) $(a^n + b^n)\cdot(a^n - b^n) = a^{2n} - b^{2n}$
d) $(d^3)<^4 = d^{12}$
e) $(b^n + b^n)\cdot(b\cdot b)^n = 2\cdot b^{3n}$
f) $(b^{n+1})<^{n-1} = b<^{n^2-1}$

**4** Berechne und schreibe das Ergebnis in wissenschaftlicher Schreibweise. Verzichte auf den TR.

$150\,000\cdot 4000 = 6\cdot 10^8$
a) $5{,}4\cdot 10^5\cdot 400 = 2{,}16\cdot 10^8$
b) $3{,}2\cdot 10^3\cdot 1{,}5\cdot 10^4 = 4{,}8\cdot 10^7$
c) $2{,}2\cdot 10^7\cdot 5\cdot 10^{10} = 1{,}1\cdot 10^{18}$
d) $540\,000 : (1{,}8\cdot 10^3) = 3\cdot 10^2 = 300$
e) $3{,}4\cdot 10^8 : 100 = 3{,}4\cdot 10^6$
f) $72\cdot 10^8 : (9\cdot 10^8) = 8$
g) $5{,}6\cdot 10^6 : (8\cdot 10^4) = 7\cdot 10^1 = 70$
h) $5\cdot 10^n\cdot 2\cdot 10^{n-1} = 10^{2n}$
i) $3{,}3\cdot 10^{n+1} : (1{,}1\cdot 10^n) = 3\cdot 10^1 = 30$
k) $6\cdot 10^5 - 1 = 5{,}99999\cdot 10^5$
l) $10^{12} - 10^{11} = 9\cdot 10^{11}$

**5** An einem Hügel lebt eine Kaninchenpopulation, die aus 15 weiblichen und 15 männlichen Tieren besteht. Die weiblichen Kaninchen bekommen zweimal pro Jahr drei weibliche und drei männliche Junge.

a) Aus wie vielen Tieren besteht die fünfte Nachkommengeneration?
*Es sind* $2\cdot 15\cdot 3^5 = 7290$ *Tiere.*

b) Aus wie vielen Tieren besteht die Population nach vier Jahren, wenn man davon ausgeht, dass bis dahin noch kein Tier gestorben ist?
*Es sind* $2\cdot 15 + 2\cdot 15\cdot 3^1 + \ldots + 2\cdot 15\cdot 3^8 = 295\,000$ *Tiere.*

## Potenzen mit negativen Exponenten

**1** Schreibe als Dezimalzahl.

$2^{-4} = 0{,}0625$    a) $5^{-2} = 0{,}04$

b) $20^{-3} = 0{,}000\,125$    c) $3^{-1} = 0{,}\overline{3}$

d) $\left(\frac{1}{4}\right)^{-2} = 16$    e) $\left(\frac{4}{3}\right)^{-1} = 0{,}75$

f) $\left(\frac{1}{10}\right)^{-5} = 100\,000$    g) $\left(\frac{3}{10}\right)^{-2} = 11{,}\overline{1}$

**2** Vereinfache.

$(a \cdot b)^{-8} \cdot (a^2b)^4 = a^{-8} \cdot b^{-8} \cdot a^8 \cdot b^4 = b^{-4}$    a) $3^{-7} : 3^{-5} = 3^{-2}$

b) $4^{-7} \cdot 32^{-7} = 128^{-7}$    c) $4^7 \cdot 4^{-3} = 4^4$

d) $(5^{-2})^{-3} = 5^6$    e) $\left(\frac{1}{2}\right)^5 \cdot 5^{-5} = \left(\frac{1}{10}\right)^5$ oder $10^{-5}$

f) $(a^{-2}b)^2 \cdot a^4 = a^{-4}b^2 \cdot a^4 = b^2$    g) $(a^5b^{-7}) : (a^{-3}b^{-6}) = a^8 \cdot b^{-1}$

h) $(2^{-3} \cdot (2b)^3)^{-2} = 2^6 \cdot 2^{-6} \cdot b^{-6} = b^{-6}$

**3** Berechne wie im Beispiel.

$0{,}000\,25 \cdot 0{,}004 = 25 \cdot 10^{-5} \cdot 4 \cdot 10^{-3} = 100 \cdot 10^{-8} = 10^{-6}$

a) $0{,}0023 \cdot 0{,}000\,003 = 23 \cdot 10^{-4} \cdot 3 \cdot 10^{-6} = 69 \cdot 10^{-10} = 6{,}9 \cdot 10^{-9}$

b) $125\,000 \cdot 0{,}000\,0016 = 125 \cdot 10^3 \cdot 16 \cdot 10^{-7} = 2000 \cdot 10^{-4} = 0{,}2$

c) $0{,}0015 : 0{,}000\,003 = 15 \cdot 10^{-4} : (3 \cdot 10^{-6}) = 5 \cdot 10^2$

d) $210 : 700\,000 = 21 \cdot 10^1 : (7 \cdot 10^5) = 3 \cdot 10^{-4}$

e) $243\,000 : 0{,}000\,081 = 243 \cdot 10^3 : (81 \cdot 10^{-6}) = 3 \cdot 10^9$

f) $0{,}0075 \cdot 800\,000 = 75 \cdot 10^4 \cdot 8 \cdot 10^5 = 600 \cdot 10^9 = 6 \cdot 10^{11}$

g) $(0{,}000\,000\,13)^2 = (13 \cdot 10^{-8})^2 = 169 \cdot 10^{-16} = 1{,}69 \cdot 10^{-14}$

h) $(-0{,}000\,02)^5 = (-2 \cdot 10^{-5})^5 = -32 \cdot 10^{-25} = -3{,}2 \cdot 10^{-24}$

**4** Bakterien werden mithilfe eines Giftes abgetötet. Vor einigen Stunden wurde das Gift zugegeben. In jeder Stunde sterben zwei Drittel der zu Beginn der Stunde noch vorhandenen Bakterien. Zu Beobachtungsbeginn $(t = 0\,h)$ waren noch 2187 Millionen Bakterien vorhanden.

a) Ergänze die Tabelle.

| Zeit t in Stunden | −3 | −2 | −1 | 0 | 1 | 2 | 3 | 4 | 5 |
|---|---|---|---|---|---|---|---|---|---|
| Bakterien in Millionen | 59 049 | 19 683 | 6561 | 2187 | 729 | 243 | 81 | 27 | 9 |

b) Was bedeutet die Zeit $t = -3\,h$? *Die Zeit $t = -3\,h$ bedeutet 3 Stunden vor Beobachtungsbeginn.*





## Potenzen mit ganzzahligen Exponenten

**1**

Multiplikationsmauer (·):

| | | | |
|---|---|---|---|
| $2x^{-4}$ | $-y^{-5}$ | $\frac{1}{2}y^5x^4$ | $-2y^{-5}x^{-8}$ |
| $-2x^{-4}y^{-5}$ | $-\frac{1}{2}x^4$ | $-x^{-4}$ | |
| $y^{-5}$ | $\frac{1}{2}$ | | |
| $\frac{1}{2}y^{-5}$ | | | |

Divisionsmauer (:):

| | | | | |
|---|---|---|---|---|
| $a^{-5n}$ | | | | |
| $a^{-2n}b^n$ | $a^{+3n}b^{+n}$ | | | |
| $b^n$ | $a^{+2n}$ | $a^{-n} \cdot b^{-n}$ | | |
| $a^nb^n$ | $a^{+n}$ | $a^{-n}$ | $b^{+n}$ | |
| $a^nb^n$ | 1 | $a^{-n}$ | 1 | $b^{-n}$ |

**2** Fasse zusammen. Das Ergebnis der ersten Aufgabe ist der erste Ausdruck der zweiten Aufgabe usw. Wenn du nacheinander die zugehörigen Buchstaben notierst, kannst du das Lösungswort erkennen.

| | | | | | |
|---|---|---|---|---|---|
| | $(x^n)^{-2} = x^{-2n}$ | I | $2^n : y^{2n} = \left(\frac{2}{y^2}\right)^n$ | G | $\left(\frac{y}{x}\right)^n : (y^n \cdot 2^n) = (2x)^{-n}$ |
| E | $x^{-n} \cdot y^n = \left(\frac{y}{x}\right)^n$ | A | $(2x)^{-n} \cdot x^n = 2^{-n}$ | T | $2^{-n} \cdot (0{,}5)^{-2n} = 2^n$ |
| V | $\left(\frac{2}{y^2}\right)^n : 2^n = y^{-2n}$ | N | $x^{-2n} \cdot x^n = x^{-n}$ | | |

Lösungswort: *NEGATIV*

**3** Ergänze das „Zauberquadrat" so, dass das Produkt in den Zeilen und in den Spalten gleich ist.

a)

| | | |
|---|---|---|
| $x^3$ | 8 | $y^{-3}$ |
| $y^{-3}$ | $x^{-3}$ | $8x^6$ |
| $(0{,}5)^{-3}$ | $x^6y^{-3}$ | $x^{-3}$ |

Produkt: $8x^3y^{-3}$

b)

| | | |
|---|---|---|
| $3^s$ | $\left(\frac{1}{3}\right)^{-2s}$ | $3^{s+1}$ |
| 9 | $3^{r-1}$ | $3^{4s-r}$ |
| $3^{3s-1}$ | $3^{2s-r+2}$ | $3^{r-s}$ |

Produkt: $3^{4s+1}$

c)

| | | |
|---|---|---|
| b | $(b^2)^{-n}$ | $(b^2)^n$ |
| $b^n$ | $\left(\frac{1}{b}\right)^n$ | b |
| $b^{-n}$ | $b^{3n+1}$ | $b^{-2n}$ |

Produkt: b

**4** Ordne die Größen richtig zu.

A $5 \cdot 10^{-7}\,m$
B $1{,}1 \cdot 10^4\,m$
C $3{,}8 \cdot 10^8\,m$
D $4 \cdot 10^7\,m$
E ca. $10^{-15}\,m$
F $7{,}5 \cdot 10^{-6}\,m$
G $3{,}248 \cdot 10^2\,m$
H $8{,}85 \cdot 10^3\,m$

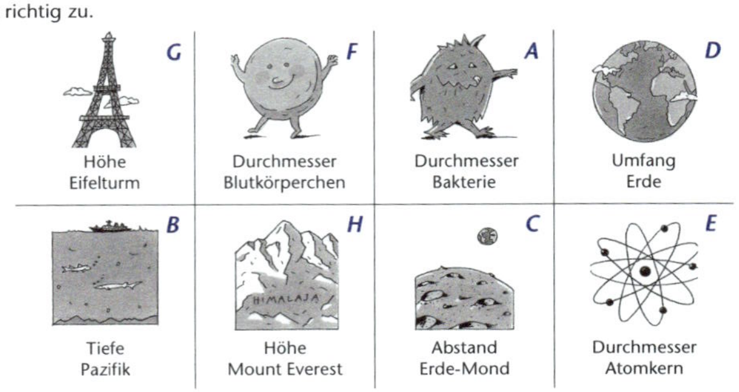

## Wurzeln

**1** Löse grafisch.

a) $x^3 = 1$ $L = \{1\}$

b) $x^4 = 1$ $L = \{-1; 1\}$

c) $x^3 = -4$ $L = \{\approx -1,6\}$

d) $x^4 = 4$ $L = \{\approx -1,4; \approx 1,4\}$

e) $x^3 = 3,375$ $L = \{1,5\}$

f) $x^4 = -3$ $L = \{\;...\;\}$

g) $x^3 = 2,25x$ $L = \{-1,5; 1,5\}$

h) $x^4 = x$ $L = \{1\}$

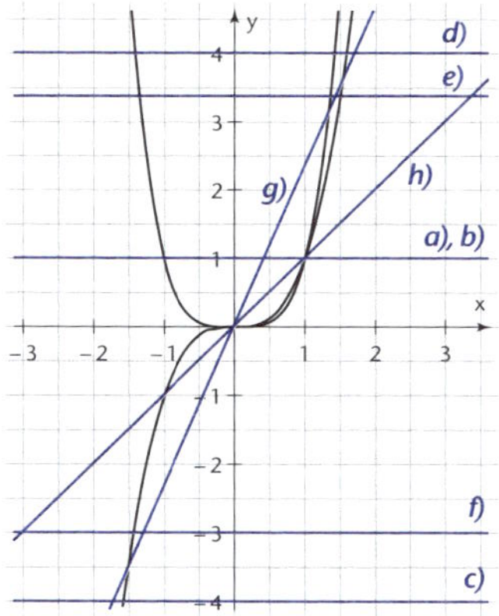


**2** Löse rechnerisch.

a) $7x^3 = 189$
$x^3 = 27$
$x = 3$
$L = \{3\}$

b) $5x^5 = -160$
$x^5 = -32$
$x^3 = -2$
$L = \{-2\}$

c) $\frac{1}{5}x^5 = 125x$
$x^5 = 625x$
$x^4 = 625$ oder $x = 0$
$L = \{-5; 0; 5\}$

**3** Vereinfache.

a) $\sqrt[4]{5^3}\cdot\frac{1}{\sqrt[4]{5^7}}$
$= \sqrt[4]{\frac{5^3}{5^7}}$
$= \frac{1}{5}$

b) $\sqrt[4]{7^3} : \frac{1}{\sqrt[4]{7^9}}$
$= \sqrt[4]{7^3\cdot 7^{-3}}$
$= \sqrt[4]{7^3}\cdot\sqrt[4]{7^{-12}}$
$= \sqrt[4]{7^{-9}}$

c) $(\sqrt[4]{a^3})^2\cdot(\sqrt[4]{a^2})^{-2}$
$= \sqrt[4]{a^6}\cdot\sqrt[4]{a^{-4}}$
$= \sqrt[4]{a^2} = \sqrt[2]{a}$

d) $(\sqrt[4]{a^3})^2\cdot(\sqrt{a^3})^{-1}$
$= \sqrt{a^3}\cdot\sqrt{a^3}^{-1}$
$= 1$

**4** Die Bevölkerung in Termien wächst in jedem Jahr mit dem gleichen Faktor. Bestimme die fehlenden Bevölkerungszahlen, Jahreszahlen sowie x, y und z. Mache dabei eine Prognose für 2020.

| Jahreszahl | 1990 | 1992 | 1993 | 1996 | 1998 | 2000 | 2001 | 2020 |
|---|---|---|---|---|---|---|---|---|
| Bevölkerungszahl | ≈ 1 331 957 | 1 385 768 | ≈ 1 413 483 | 1 500 000 | 1 560 600 | ≈ 1 623 648 | ≈ 1 656 121 | ≈ 1 979 218 |

:z ·y ·x

x ≈ 1,0200  y ≈ 1,0824  z ≈ 1,0404





## Potenzen mit rationalen Exponenten

**1** Schreibe als Potenz mit rationalem Exponenten. Vereinfache gegebenenfalls.

$\sqrt[4]{3^2} = 3^{\frac{2}{4}} = 3^{\frac{1}{2}}$

a) $\sqrt[3]{(-2)^4} = 2^{\frac{4}{3}}$

b) $(\sqrt[3]{5})^{1,5} = 5^{\frac{1,5}{3}} = 5^{\frac{1}{2}}$

c) $\sqrt[n]{7^{2n}} = 7^{\frac{2n}{n}} = 7^2 = 49$

d) $\sqrt[3]{a^{-2}} = a^{-\frac{2}{3}}$

e) $\sqrt[3]{\left(\frac{1}{b}\right)^{-3}} = b^{\frac{3}{3}} = b$

f) $\sqrt[3]{b^6} = b^{\frac{6}{3}} = b^2$

g) $\sqrt[n+1]{a^{2n+2}} = a^{\frac{2n+2}{n+1}} = a^2$

h) $\sqrt[n]{a^{(n^2)}} = a^{\frac{n^2}{n}} = a^n$

i) $\sqrt[n+1]{b^{n^2-1}} = b^{\frac{n^2+1}{n^2-1}} = b^{\frac{1}{n-1}}$

**2** Vereinfache.

$2^{\frac{1}{4}}\cdot 2^{\frac{7}{4}} = 2^{\frac{8}{4}} = 2^2$

a) $\left(\frac{1}{3}\right)^{\frac{1}{5}}\cdot 3^{\frac{7}{10}} = 3^{-\frac{1}{5}}\cdot 3^{\frac{7}{10}} = 3^{\frac{5}{10}} = 3^{\frac{1}{2}}$

b) $\left(2^{\frac{1}{4}}\right)^{-8} = 2^{-\frac{2}{4}} = 2^{-2}$

c) $5^{\frac{4}{3}} : 2,5^{\frac{4}{3}} = (5:2,5)^{\frac{4}{3}} = 2^{\frac{4}{3}}$

d) $2^{\frac{1}{2}} : 2^{-\frac{1}{6}} = 2^{\frac{4}{6}} = 2^{\frac{2}{3}}$

e) $7^{-\frac{1}{4}}\cdot 7^{\frac{7}{4}} = 7^{\frac{6}{4}} = 7^{\frac{3}{2}}$

f) $a^{\frac{1}{3}}\cdot a^{-\frac{7}{6}} = a^{-\frac{5}{6}}$

g) $a^{\frac{2}{5}} : b^{\frac{2}{5}} = (a:b)^{\frac{2}{5}}$

h) $a^{\frac{1}{n}}\cdot a^{\frac{1}{2n}} = a^{\frac{3}{2n}}$

i) $\left(a^{\frac{1}{10}}\right)^{20} = a^{\frac{20}{10}} = a^2$

**3** Vereinfache.

a) $2^{\frac{2}{3}}\cdot\left(2^{\frac{7}{3}} + 4^{\frac{2}{3}}\right) = 2^{\frac{9}{3}} + 8^{\frac{2}{3}} = 2^3 + 2^2 = 12$

b) $\frac{2^{\frac{1}{4}}}{3^{-\frac{1}{5}}}\cdot\frac{3^{-5}}{2^{\frac{3}{8}}} = \frac{3^{-\frac{24}{5}}}{2^{\frac{1}{8}}} = 3^{-\frac{24}{5}}\cdot 2^{-\frac{1}{8}}$

c) $\frac{(2x)^{\frac{1}{3}}}{y^{-3}}\cdot\frac{(3y)^{-3}}{x^{\frac{1}{3}}} = 2^{\frac{1}{3}}\cdot 3^{-3}$

d) $\left(x^{\frac{1}{2}} + y^{-\frac{1}{2}}\right)\cdot x^{-\frac{1}{2}} = 1 + (xy)^{-\frac{1}{2}}$

e) $\frac{x^{\frac{3}{4}}\cdot y^{\frac{1}{7}}}{y^{-\frac{6}{7}}}\cdot x^{-\frac{7}{4}} = x^{-\frac{4}{4}}\cdot y^{\frac{7}{7}} = x^{-1}\cdot y$

f) $\left(x^{\frac{1}{2}} + x^{-\frac{1}{2}}\right)\cdot\left(x^{\frac{1}{2}} - x^{-\frac{1}{2}}\right) = x - x^{-1}$

**4**

· (Multiplikationsmauer)

| | | | | |
|---|---|---|---|---|
| $2^{\frac{1}{4}}$ | $5^{\frac{1}{4}}$ | $5^{-\frac{1}{2}}$ | $5^{\frac{1}{2}}$ | $2^{-\frac{1}{4}}$ |
| $10^{\frac{1}{4}}$ | $5^{-\frac{1}{4}}$ | $1$ | $\frac{5^{\frac{1}{2}}}{2^{\frac{1}{4}}}$ | |
| $2^{\frac{1}{4}}$ | $5^{-\frac{1}{4}}$ | $\frac{5^{\frac{1}{2}}}{2^{\frac{1}{4}}}$ | | |
| $\frac{2^{\frac{1}{4}}}{5^{\frac{1}{4}}}$ | $\frac{5^{\frac{1}{4}}}{2^{\frac{1}{4}}}$ | | | |
| $1$ | | | | |

: (Divisionsmauer)

| | | | | |
|---|---|---|---|---|
| $a^{\frac{3}{2}}$ | | | | |
| $ab^{-\frac{1}{2}}$ | $a^{-\frac{1}{2}}b^{-\frac{1}{2}}$ | | | |
| $a^{\frac{1}{2}}b^{-\frac{1}{2}}$ | $a^{-\frac{1}{2}}$ | $b^{\frac{1}{2}}$ | | |
| $1$ | $a^{-\frac{1}{2}}b^{\frac{1}{2}}$ | $b^{\frac{1}{2}}$ | $1$ | |
| $a^{-\frac{1}{2}}$ | $a^{-\frac{1}{2}}$ | $b^{-\frac{1}{2}}$ | $b^{-1}$ | $b^{-1}$ |

## Probleme lösen mit Potenzen 1

**1** Familie Krause hat vor 7 Jahren Geld zu einem Zinssatz von 4,2 % angelegt. Sie bekommen jetzt 15 338,11 € ausgezahlt.

a) Wie viel Geld hatte Familie Krause angelegt?

*Familie Krause hat etwa 11 500 Euro angelegt.*

b) Wie viel bekommt Familie Krause ausgezahlt, wenn sie das Geld noch 3 Jahre zu den gleichen Bedingungen anlegt?

*Familie Krause bekommt 17 353,02 Euro.*

c) Wie lange müsste Familie Krause das Geld noch anlegen, um über 20 000 € ausgezahlt zu bekommen?

*Familie Krause müsste das Geld noch etwas über 6 Jahre anlegen.*

**2** Felix bekommt von seinem Arzt eine Spritze. In dieser Spritze sind 20 mg eines bestimmten Wirkstoffs enthalten. Von seinem Arzt erfährt er, dass jede Stunde 10 % des noch vorhandenen Wirkstoffs abgebaut werden.

a) Wie viel Wirkstoff ist nach einem Tag noch in Felix´ Blut enthalten?

*Es sind noch ca. 1,60 mg im Blut enthalten.*

b) Wie viel Wirkstoff wurde einem anderen Patienten gespritzt, wenn nach 5 Stunden noch 22 mg im Blut enthalten sind?

*Es wurden etwa 37,3 mg gespritzt.*

c) Von einem anderen Wirkstoff in Felix` Medikament sind von ursprünglich 50 mg nach 2 Stunden noch 32 mg enthalten. Wie viel Prozent werden von diesem Wirkstoff pro Stunde abgebaut?

*Es wurden pro Stunde ungefähr 20 % abgebaut.*

**3** Fülle die Lücken aus.

| | Anlagezeit | Anfangskapital | Zinssatz jährlich | Endkapital |
|---|---|---|---|---|
| a) | 5 Jahre | 12 000 € | 3 % | *13 911,29 €* |
| b) | 3 Jahre | 2500 € | *1,5 %* | 2614,20 € |
| c) | 7 Jahre | *8000 €* | 2 % | 9189,49 € |
| d) | *10 Jahre* | 700 € | 2,5 % | 896,06 € |

**4** Bei einem radioaktiven Präparat verringert sich alle 140 Sekunden die Strahlung um die Hälfte.

a) Welcher Prozentsatz der Strahlung ist noch nach 280, 420, 1400 Sekunden zu messen?

*280 s: 25 %, 420 s: 12,5 %, 1400 s: ≈ 0,1 %*

b) Um welchen Prozentsatz nimmt die Strahlung pro Minute ab?

*Die Strahlung nimmt pro Minute um ca. 25,7 % ab.*

c) Wie hoch war der Prozentsatz der Strahlung 7 Minuten vor Beobachtungsbeginn?

*Er war bei etwa 800 %.*





## Probleme lösen mit Potenzen 2

**1** In einer Pipette befinden sich 0,1 ml Öl. Das Öl wird auf einem Swimmingpool ausgeschüttet. Es bildet sich ein Ölfleck, der eine Fläche von ca. 150 m² hat. Wie dick ist ein Ölmolekül ungefähr, wenn man davon ausgeht, dass der Ölfleck genau aus einer Lage von Teilchen besteht?

Gib das Ergebnis in wissenschaftlicher Schreibweise an. *ca. $6{,}7 \cdot 10^{-10}$ m*

**2** Marianne hat lange Haare, die im Durchschnitt 0,65 m lang sind. Ein Haar hat einen Durchmesser von $7 \cdot 10^{-5}$ m. Insgesamt hat sie 120 000 Haare, die pro Tag etwa $3{,}3 \cdot 10^{-4}$ m wachsen.

a) Wie lang wäre ungefähr die Strecke, wenn man alle Haare in eine Reihe legen würde? *ca. 78 km*

b) Wie groß ist die Querschnittsfläche eines einzelnen Haares? *ca. $3{,}8 \cdot 10^{-9}$ m²*

c) 70 % aller Haare bindet Marianne zu einem Pferdeschwanz zusammen. Welchen Durchmesser hat der Pferdeschwanz? *ca. 2 cm (Wenn man von Lücken zwischen den Haaren absieht.)*

d) Marianne möchte die Länge ihrer Haare ungefähr beibehalten. Wie viel muss jedes Jahr abgeschnitten werden? *ca. 12 cm*

**3** Ein Lichtjahr ist die Strecke, die das Licht in einem Jahr zurücklegt. Ein Lichtjahr sind ca. $9{,}5 \cdot 10^{12}$ km.

a) Der Abstand von der Erde zum Mond beträgt ca. $3 \cdot 10^{8}$ m. Wie lange benötigt Licht von der Erde bis zum Mond? *ca. 1 s*

b) Das Licht benötigt von der Sonne bis zur Erde ungefähr 8 Minuten. Bestimme den Abstand von der Erde zur Sonne. *ca. $1{,}4 \cdot 10^{11}$ m*

c) Wie lange würde ein Raumschiff brauchen, um die Milchstraße zu durchqueren, wenn es mit einer Geschwindigkeit von $5 \cdot 10^{6}$ Meter pro Sekunde fliegen könnte und die Milchstraße einen Durchmesser von 100 000 Lichtjahren hat? *ca. $1{,}9 \cdot 10^{14}$ m; ca. $6 \cdot 10^{6}$ Jahre*

**4** Eine durchschnittliche Zelle hat etwa ein Volumen $5 \cdot 10^{-15}$ m³. Aus wie vielen Zellen besteht ein menschlicher Körper, wenn dieser ungefähr ein Volumen von 75 dm³ hat? *ca. $1{,}5 \cdot 10^{13}$*

**5** Ein Wasserstoffatom hat einen Durchmesser von $7{,}4 \cdot 10^{-11}$ m. Der Durchmesser des Atomkerns beträgt ungefähr $10^{-15}$ m. Nikolas möchte ein maßstäblich richtiges Modell eines Wasserstoffatoms bauen. Sein Atom soll einen Durchmesser von 15 cm bekommen. Welchen Durchmesser bekommt der Modellkern? *ca. $2 \cdot 10^{-4}$ cm*

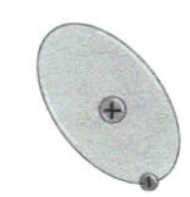

**6** Die 7 Zwerge haben 7 verschiedene Zipfelmützen, 7 verschiedene Hemden, 7 verschiedene Hosen und 7 verschiedene Werkzeuge. Der Zwerg Zuppel liebt die Veränderung und wechselt jeden Tag mindestens ein Teil.

Wie lange dauert es, bis er alle möglichen Kombinationen durch hat? *$7^4$ Tage, ca. 6,6 Jahre*

Was ändert sich, wenn ihm zusätzlich noch 7 Paar Socken und 7 Paar Schuhe zur Verfügung stehen? *$7^6$ Tage (also ca. 322 Jahre)*

## Pyramide 1

**1** Berechne die fehlenden Größen einer Pyramide.

a) Grundfläche: Rechteck

| a | b | G | h | V |
|---|---|---|---|---|
| 2,5 cm | 4 cm | *10 cm²* | 7 cm | *$23\frac{1}{3}$ cm³* |
| *7 cm* | 3 cm | 21 cm² | *8 cm* | 56 cm³ |
| 2 dm | *4,8 dm* | *9,6 dm²* | 5,5 dm | 17,6 dm³ |

b) Grundfläche: gleichseitiges Dreieck

| a | G | h | V |
|---|---|---|---|
| 4 cm | *$4\cdot\sqrt{3}$ cm²* | 6 cm | *$8\sqrt{3}$ cm³* |
| *2 dm* | $\sqrt{3}$ dm² | 5 dm | *2,9 dm³* |

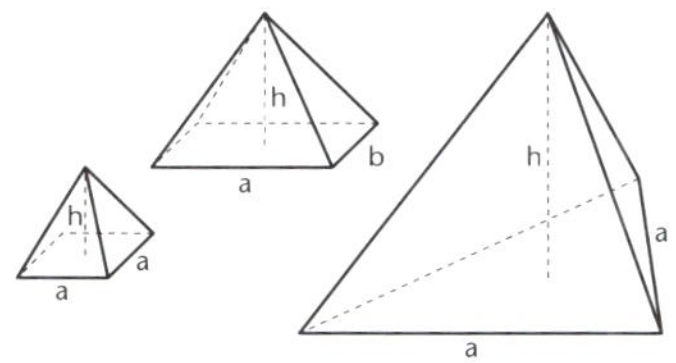


c) Grundfläche: Quadrat

| a | G | h | V | O |
|---|---|---|---|---|
| 5 cm | *25 cm²* | 8 cm | *66,7 cm³* | *108,8 cm²* |
| *$\sqrt{8}$ m* | 8 m² | *18 m* | 48 m³ | *110,1 m²* |
| *6 cm* | *36 cm²* | 10 cm | 120 cm³ | *161,3 cm²* |

**2** In einen Würfel mit der Kantenlänge a ist eine Pyramide einbeschrieben.
Bestimme das Volumen der Pyramide in Abhängigkeit von a.

a)

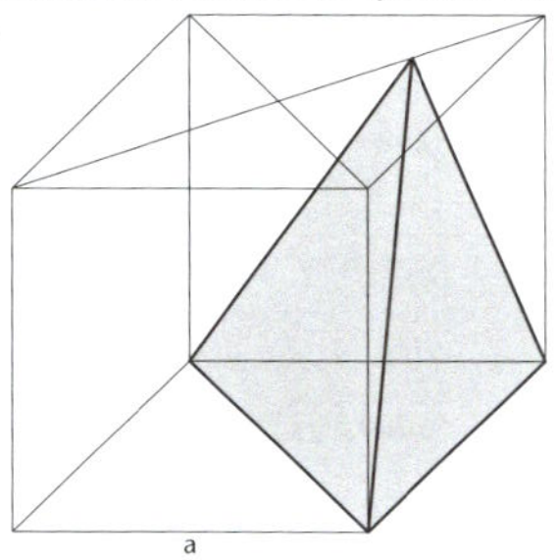


$V = \frac{1}{3}\cdot\frac{1}{2}a^2\cdot a = \frac{1}{6}a^3$

b)

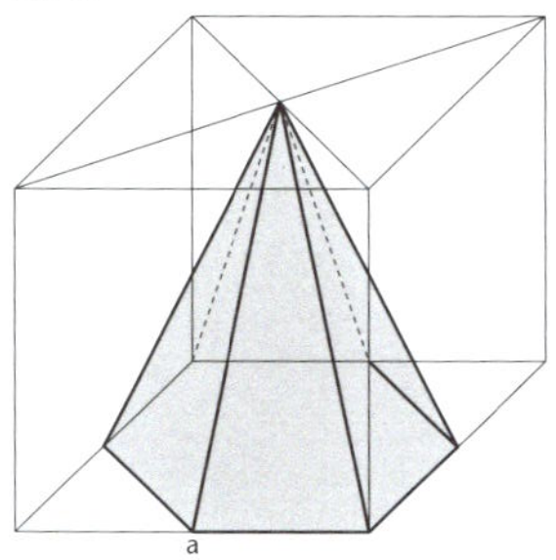


$V = \frac{1}{3}\cdot\frac{3}{4}a^2\cdot a = \frac{1}{4}a^3$

c) Bestimme zusätzlich die Oberfläche.

$V = \frac{1}{3}a^3$

$O = a^2 + 4\cdot A_\triangle$

$= a^2 + 4\cdot\frac{1}{2}\cdot a\cdot\sqrt{\frac{5}{4}a^2}$

$= a^2 + 2a\cdot\frac{1}{2}\sqrt{5}\,a$

$= a^2 + \sqrt{5}\,a^2$

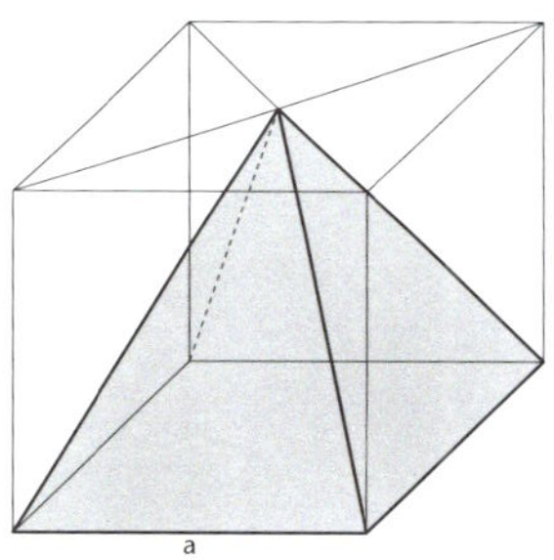






## Pyramide 2

**1** Die Raumdiagonalen eines Würfels mit Kantenlänge 4 cm schneiden sich in einem Punkt M.
M soll die Spitze aller Pyramiden sein, die eine Würfelseite als Grundfläche haben.
Bestimme Volumen und Oberfläche dieser Pyramiden.

$V = \left(\frac{1}{3}\cdot 16\cdot 2\right)cm^3 = 10\frac{2}{3}\,cm^3$

$O = \left(16 + 4\cdot\frac{1}{2}\cdot 4\cdot\sqrt{8}\right)cm^2$

$\approx 38{,}6\,cm^2$

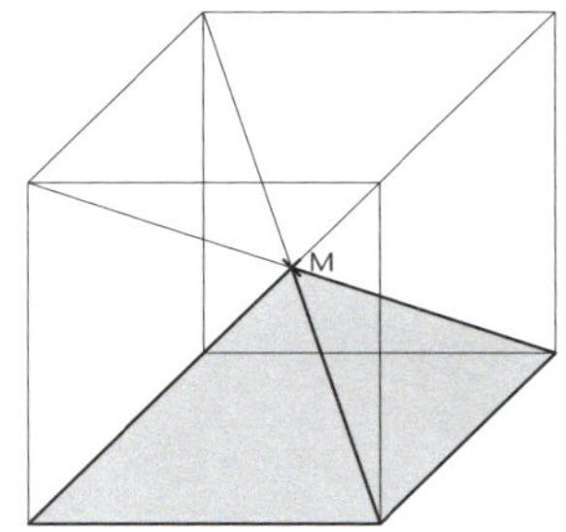


**2** Eine regelmäßige dreiseitige Pyramide hat eine Mantelfläche von 72 cm².
Die Höhe eines Seitendreiecks beträgt 8 cm.

a) Berechne die Länge der Grundseite der Pyramide.

$A_\triangle = 72:3 = 24;\ 24 = \frac{1}{2}\cdot g\cdot 8;\ g = 6\,cm$

b) Bestimme die Oberflächengröße der Pyramide.

$G = \frac{1}{2}\cdot 6\cdot 3\cdot\sqrt{3} = 9\sqrt{3};\ O = (72 + 9\sqrt{3})\,cm \approx 87{,}6\,cm$

c) Berechne die Höhe der Pyramide und bestimme ihr Volumen.

$s = \sqrt{73};\ H^2 + \left(\frac{2}{3}h_g\right)^2 = s^2;\ H^2 = s^2 - \left(\frac{2}{3}\cdot 3\sqrt{3}\right)^2 = 61;\ H = \sqrt{61}$

$V = \frac{1}{3}\cdot 9\sqrt{3}\sqrt{61};\ V \approx 40{,}6\,cm^3$

**3** Eine gerade, 20 cm hohe quadratische Pyramide wird in einer Höhe von 12 cm parallel zur Grundfläche abgesägt. Aus dem verbliebenen Pyramidenstumpf wird dann senkrecht zum Boden ein Quader ausgesägt.
Berechne das Volumen

a) der quadratischen Pyramide.

$V = \frac{1}{3}\cdot 36\cdot 20;\ V = 240\,cm^3$

b) des Pyramidenstumpfes. $V = V_{ges} - V_{oben}$

$\frac{h_O}{h_{ges}} = \frac{\frac{1}{2}x}{3};\ \frac{8}{30} = \frac{x}{6};\ x = 2{,}4$

$V_O = \frac{1}{3}\cdot G\cdot 8 = \frac{1}{3}\cdot 2{,}4^2\cdot 8;\ V_O = 15{,}36\,cm^3$

$V = 240 - 15{,}36;\ V = 224{,}64\,cm^3$

c) des Quaders. $V = x^2\cdot 12 \approx 69{,}12\,cm^3$

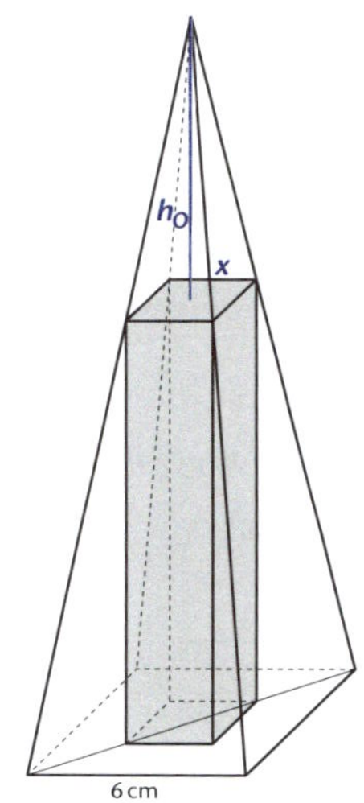

## Kegel 1

**1** Berechne die fehlenden Stücke eines geraden Kegels.

| | r | G | h | V | s | M |
|---|---|---|---|---|---|---|
| a) | 2 cm | $4\pi\,cm^2$ | 5 cm | $\frac{20}{3}\pi\,cm^3$ | $\sqrt{29}$ cm | $2\sqrt{29}\pi\,cm^2$ |
| b) | 8 cm | $64\pi\,cm^2$ | 8 cm | $170,\overline{6}\,\pi\,cm^3$ | $8\sqrt{2}$ cm | $284,3\,cm^2$ |
| c) | 4 cm | $16\pi\,cm^2$ | 3 cm | $50,3\,cm^3$ | 5 cm | $20\pi\,cm^2$ |
| d) | $3\sqrt{3}$ cm | $27\pi\,cm^2$ | 4 cm | $36\pi\,cm^3$ | $\sqrt{43}$ cm | $107,0\,cm^2$ |
| e) | 0,5 m | $0,25\pi\,cm^2$ | $\sqrt{3,75}$ cm | $0,5\,cm^3$ | 2 cm | $\pi\,m^2$ |

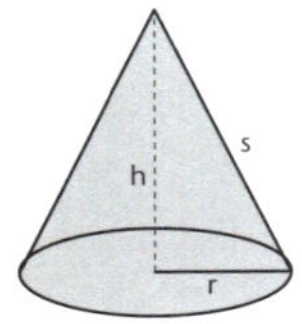


**2** Zum Basteln einer Schultüte schneidet Frau Lustig Pappe aus und klebt diese dann zu einem Kegel zusammen.

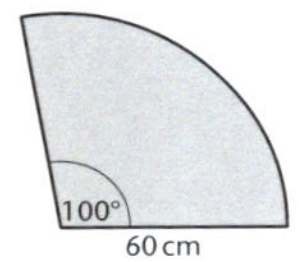


a) Wie viel Liter fasst die Schultüte? $r = \frac{50}{3}$, $h = 57,6$, $V = 16,8\,\ell$

b) Ihre Tochter Malin möchte die Tüte außen bemalen und bekleben. Welche Fläche steht zur Verfügung?

$1000\pi\,cm^2 \approx 3141,6\,cm^2$

c) Nach dem Zusammenkleben füllt Frau Lustig die Tüte bis zu einem Drittel der Höhe mit Gummibärchen. Welches Volumen steht noch für andere Sachen zur Verfügung?

$r_{Gu} = \frac{50}{9}$, $V_{Gu} = \frac{1}{3}\cdot\pi\cdot\left(\frac{50}{9}\right)^2\cdot\frac{57,6}{3} = 620,98$, $V_{ges} - V_{Gu} \approx 16,2\,\ell$

**3** a) Ein Frachter liefert Braunkohle mit einem Volumen von 20 000 m³ an. Beim Aufschütten entsteht ein Kegel, der einen Umfang von 189 m hat. Wie hoch ist er?

$h \approx 21,1\,m$

b) Beim Aufschütten der gleichen Menge Steinkohle entsteht ein 26,7 m hoher Kegel. Welchen Durchmesser hat er?

$d \approx 53,5\,m$

c) Markus durfte beim Aufschütten zugucken und spielt das Ganze nun in seiner Sandkiste nach. Sein Sandhaufen ist 12 cm hoch und hat einen Durchmesser von 40 cm. Wie viel cm³ Sand hat Markus aufgeschüttet?

$5026,5\,cm^3$

d) Aus dem aufgeschütteten Sand backt er mit seiner Lieblingsform Kuchen. Wie viele Kuchen könnte er backen?

22 Kuchen

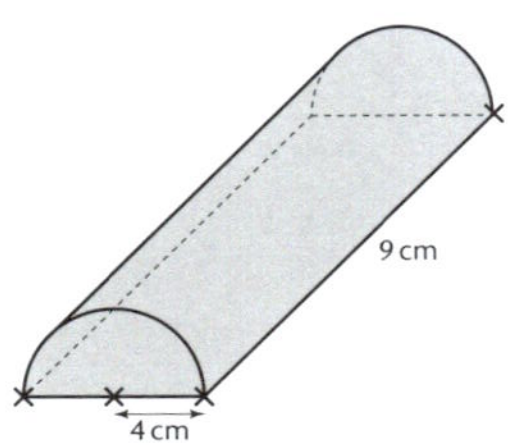






## Kegel 2

**1** a) Ein rechtwinkliges Dreieck mit den Kathetenlängen a = 7 cm und b = 4 cm rotiert einmal um a und einmal um b. Bestimme das Verhältnis der Volumina der entstehenden Körper.

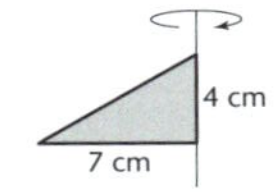


$V_a = 117,3$; $V_b = 205,25$; $\frac{V_a}{V_b} = \frac{4}{7}$ (0,57)

b) Nun rotiert das Dreieck um seine Hypotenuse. Welcher Körper entsteht dabei? Doppelkegel

Bestimme das Volumen des Rotationskörpers. $V_{K1} = 76,76632065$; $V_{K2} = 25,06655368$;
gesamt: $V = 101,83\,cm^3$

**2** Ein zylinderförmiger Turm hat einen Umfang von 45 m. Auf den Turm ist ein kegelförmiges Dach mit einer Höhe von 15,6 m aufgesetzt worden.

a) Wie groß ist das Volumen des Dachraumes?

$r = 7,16$; $V = 837,95\,m^3$

b) Eine Dachdeckerfirma soll das Dach des Turmes decken. Wie groß ist die Fläche?

$M = \pi r s = 386,22\,m^2$

**3** Welchen Anteil des Körpervolumens nimmt das Kegelvolumen ein?

a)

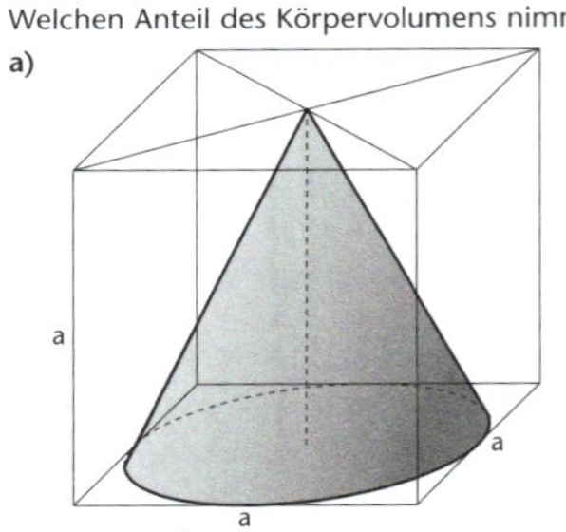


$\frac{V_K}{V_W} = \frac{\frac{1}{3}\pi\frac{a^2}{4}\cdot a}{a^3} = \frac{\pi}{12} \approx 26,2\,\%$

b) (Tipp: Die Seitenhalbierenden eines Dreiecks schneiden sich im Verhältnis 2 : 1.)

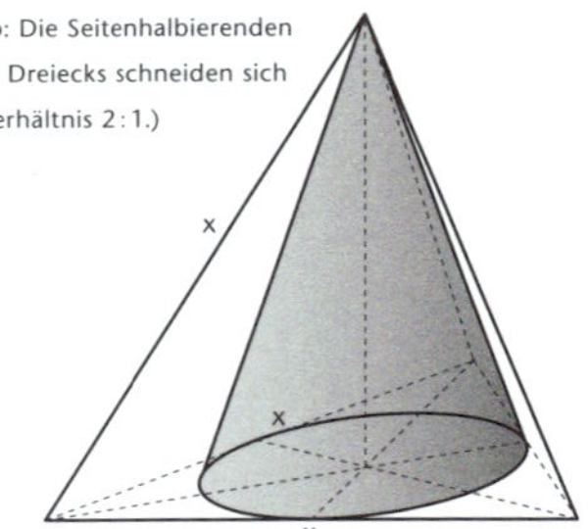


$\frac{V_K}{V_P} = \frac{\frac{1}{3}\pi\left(\frac{1}{3}\cdot\frac{\sqrt{3}}{2}x\right)^2\cdot\frac{\sqrt{6}}{3}x}{\frac{1}{3}\cdot\frac{1}{2}\cdot x\cdot\frac{\sqrt{3}}{2}x\cdot\frac{\sqrt{6}}{3}x} = \frac{\pi}{3\cdot\sqrt{3}} \approx 60,5\,\%$

**4** Einem Kegel mit einem Grundkreisradius von 3 cm und einer Höhe von 5 cm ist eine Pyramide einbeschrieben, deren Grundfläche ein regelmäßiges Sechseck ist.

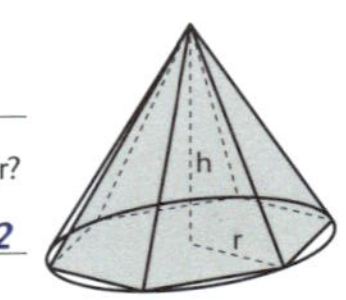


a) Wie viel Prozent des Kegelvolumens nimmt die Pyramide ein?

$\frac{V_P}{V_K} = \frac{\frac{1}{3}\cdot 13,5\cdot\sqrt{3}\cdot 5}{\frac{1}{3}\pi\cdot 9\cdot 5} = 0,827$; $82,7\,\%$

b) Wie verhalten sich die Mantelflächeninhalte der beiden Körper zueinander?

$M_K = \pi r s = \pi\cdot 3\cdot\sqrt{34} \approx 54,96$; $M_P = 6\cdot A_\triangle = 50,7$; $\frac{M_P}{M_K} = 0,92$

## Kugel 1

**1** Berechne die fehlenden Größen der Bälle.

| | Minigolfball | Squashball | Handball | Volleyball | Medizinball |
|---|---|---|---|---|---|
| r | *20,5 mm* | *19,5 mm* | 8,8 cm | *10,5 cm* | *34 cm* |
| d | 41 mm | *39 mm* | *17,6 cm* | 21 cm | *68 cm* |
| V | *≈ 36 cm³* | 9886,5π mm³ | *2854,5 cm³* | *4849 cm³* | *164,6 dm³* |
| O | *5281 mm²* | *4778,4 mm²* | *973,1 cm²* | *1385,4 cm²* | 4624π cm² |

**2** a) 3375 kleine Kugeln mit einem Durchmesser von 2 mm werden zu einer großen Kugel verschmolzen, ohne dass sich dabei das Gesamtvolumen ändert.
Welchen Radius hat die große Kugel?

$V_{ges} = 14\,137{,}17\,mm^3;\ r = 15\,mm$

b) Aus einer großen Kugel mit einem Radius von 60 cm sollen 1000 kleine Kugeln hergestellt werden, die zusammen das gleiche Volumen haben wie die große Kugel.
Berechne den Durchmesser dieser Kugeln.

$d = 12\,cm$

**3** Eine Kugel mit dem Radius 5 cm wird verpackt.
Bestimme die Anteile, die das Volumen bzw. die Oberfläche der Kugel an dem Körper hat.

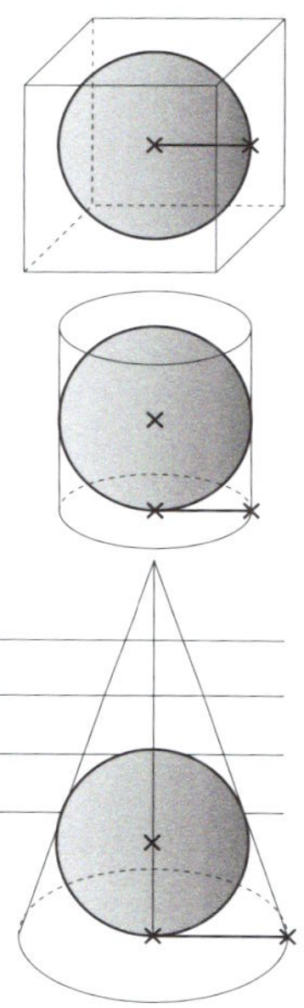

a) Würfel mit Kantenlänge 10 cm

$V_K = 523{,}6;\ \frac{V_K}{V_W} \approx 52{,}4\,\%;$

$O_K = 314{,}2;\ \frac{O_K}{O_W} \approx 52{,}4\,\%$

b) Zylinder mit r = 5 cm und h = 10 cm

$\frac{V_K}{V_Z} = \frac{\frac{4}{3}\pi r^3}{\pi r^2 h} = \frac{2}{3} \approx 66{,}7\,\%;$

$\frac{O_K}{O_Z} = \frac{4\pi r^2}{2\pi r^2 + 20\pi r} = \frac{2}{3} \approx 66{,}7\,\%$

c) Kegel mit r = 7 cm und h = $20\frac{5}{12}$ cm

$\frac{V_K}{V_{Kegel}} = \frac{\frac{4}{3}\pi r^3}{\frac{1}{3}\pi r_K^2 h} = \frac{500}{1000\frac{5}{12}} \approx 50\,\%;$

$\frac{O_K}{O_{Kegel}} = \frac{4\pi r^2}{49\pi + 151{,}08\pi} = \frac{100}{200{,}083} \approx 50\,\%$





## Kugel 2

**1** In der Leichtathletik werden Eisenkugeln mit Gewichten von 4 kg bei den Frauen und 7,25 kg bei den Männern benutzt. Welchen Durchmesser haben sie jeweils (Dichte von Eisen: 7,874 g/cm³)?

*Frauen* $d = 9{,}9\,cm$

*Männer* $d = 12{,}07\,cm$

**2** Ein Glasbläser hat aus einem Tropfen mit einem Radius von 3 cm eine Glaskugel mit einem Durchmesser von 12 cm geblasen. Wie dick ist die Wand der Kugel?

$V_T = 36\pi;\ \frac{4}{3}\pi \cdot 6^3 - \frac{4}{3}\pi x^3 = 36\pi$

$\Rightarrow x = 5{,}7;$ *Dicke:* $0{,}26\,cm$

**3** Ein Stehaufmännchen hat die Form einer Halbkugel mit aufgesetztem Kegel.

a) Bestimme Volumen und Oberfläche, wenn die Halbkugel einen Radius von 4 cm und der Kegel eine Höhe von 8 cm hat.

$V = \frac{1}{2} \cdot \frac{4}{3}\pi \cdot 4^3 + \frac{1}{3}\pi \cdot 4^2 \cdot 8 \approx 268{,}1\,cm^3$

$O = \frac{1}{2} \cdot 4\pi \cdot 4^2 + \pi \cdot 4 \cdot \sqrt{80} \approx 212{,}9\,cm^2$

b) Wie hoch müsste der Kegel sein, damit er die gleiche Mantelfläche wie die Halbkugel hat?

$\frac{1}{2} \cdot 4\pi \cdot 16 = \pi \cdot 4 \cdot \sqrt{h^2 + 16}$

$8 = \sqrt{h^2 + 16};\ h^2 = 48;\ h = 4\sqrt{3} \approx 6{,}9\,cm$

**4** Um wie viel Prozent verändert sich die Oberfläche einer Kugel, wenn sich

a) der Radius um 10 % vergrößert? *21 %*

b) der Radius um 10 % verkleinert? *19 %*

c) das Volumen um 10% vergrößert? $r_N = 1{,}03 \cdot r_A \Rightarrow \approx 6{,}6\,\%$

**5** In einer Kiste liegen drei gleich große Kugeln mit einem Radius von 5 cm so, dass sie sich berühren und ihre Mittelpunkte ein gleichseitiges Dreieck bilden.
Steffi packt in die Mitte eine vierte Kugel, die gerade zwischen den drei Kugeln durchrutscht.
Wie groß war der Radius dieser Kugel höchstens?

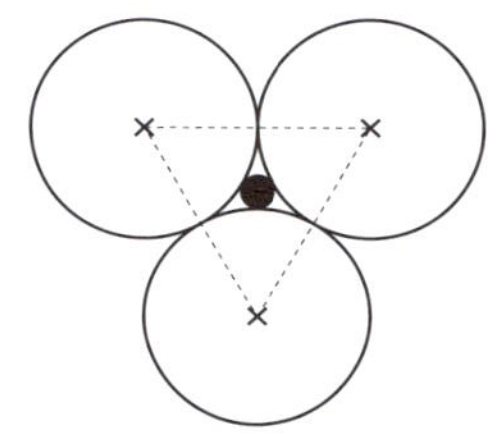

$a_\triangle = 10\,cm;\ h_\triangle = \frac{\sqrt{3}}{2} \cdot 10 = 5 \cdot \sqrt{3};$

$r = \frac{2}{3} h_\triangle - 5 \approx 0{,}7735\,cm$

## Vermischtes

**1** Ein Riesenbleistift besteht aus einem 40 cm hohen Zylinder mit einem Grundkreisradius von 3,5 cm. An den Enden sind ein Kegel mit einer 7 cm langen Seitenkante bzw. eine Halbkugel aufgesetzt. Berechne das Volumen und die Oberfläche des Bleistifts.

$V = \pi \cdot 3{,}5^2 \cdot 40 + \frac{1}{3}\pi \cdot 3{,}5^2 \cdot \sqrt{36{,}75} + \frac{1}{2} \cdot \frac{4}{3}\pi \cdot 3{,}5^3$

$\approx 1706{,}9\,cm^3$

$O = \pi \cdot 3{,}5 \cdot 7 + 2\pi \cdot 3{,}5 \cdot 40 + \frac{1}{2} \cdot 4\pi \cdot 3{,}5^2 = 329\pi \approx 1033{,}6\,cm^2$

**2** In einer halbkugelförmigen Schale (r = 20 cm) liegt eine Kugel (r = 10 cm). Wie viel Wasser kann noch hineingefüllt werden?

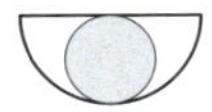

$\frac{1}{2} \cdot \frac{4}{3}\pi \cdot 20^3 - \frac{4}{3}\pi \cdot 10^3 = 4000\pi \approx 12\,566\,cm^3 \approx 12{,}6\,\ell$

**3** Ein 18 cm hoher Messingkegel hat einen Grundkreisradius von 5 cm. Er soll eingeschmolzen werden, um aus der Schmelze 20 gleich große Kugeln herzustellen.

a) Welchen Durchmesser haben die Kugeln?

$d \approx 3{,}56\,cm$

b) Vergleiche die Oberfläche des Messingkegels mit der Gesamtoberfläche aller Kugeln. Schätze dabei zunächst, wieviel mal so groß die Kugeloberfläche ist.

Schätzung: ________

Rechnung: $O_{Kegel} = \pi \cdot 5^2 + \pi \cdot 5 \cdot \sqrt{349} \approx 371{,}99$

$O_{Kugeln} = 20 \cdot 4\pi r^2 \approx 39{,}75 \cdot 20 = 794{,}92;\quad \frac{O_{Ku}}{O_{Ke}} = 2{,}14$

**4** Auf einen Würfel mit der Kantenlänge 6 cm werden

a) vier gleich große Halbkugeln

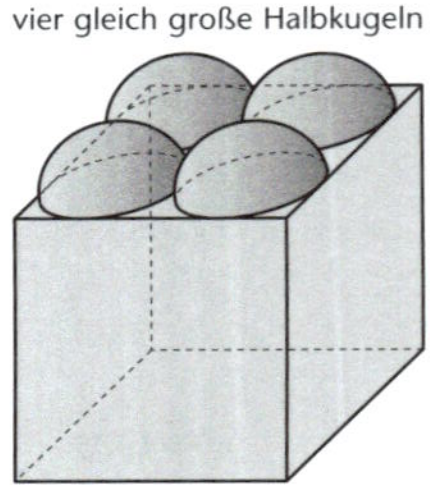

b) sechs gleich große quadratische Pyramiden

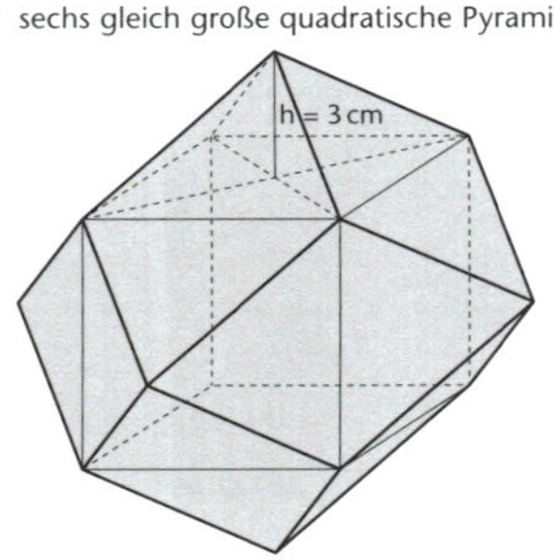


aufgesetzt.
Berechne Volumen und Oberfläche der Körper.

a) $V = 36 + 2 \cdot \frac{4}{3}\pi \cdot 1{,}5^3 \approx 64{,}27$

$O = 5 \cdot 36 + 2 \cdot 4\pi \cdot 1{,}5^2 + (36 - 4\pi \cdot 1{,}5^2) = 244{,}27$

b) $V = 36 + 4 \cdot 1{,}5^2 \cdot 3 = 63$

$O = 5 \cdot 36 + 4 \cdot 4 \cdot \frac{1}{2} \cdot 1{,}5 \cdot 3{,}1 = 217{,}1$





## Chancen und Risiken bei Glücksspielen

**1** Hannah und Konrad veranstalten beim Schulfest ein Gewinnspiel mithilfe eines Glücksrades. Das Glücksrad hat 100 gleich große Felder. 1 Feld steht für einen Hauptgewinn, 5 Felder für einen Großgewinn, 25 Felder für einen Kleingewinn, der Rest sind Nieten.
Sie stellen folgenden Gewinnplan auf:

| Hauptgewinn | Großgewinn | Kleingewinn |
|---|---|---|
| 10 € | 5 € | 1 € |

a) Berechne den Erwartungswert.

$\frac{1}{100} \cdot 10\,€ + \frac{5}{100} \cdot 5\,€ + \frac{25}{100} \cdot 1\,€ = 0{,}6\,€$

b) Mit welchen Einnahmen können die beiden rechnen, wenn sie pro Spiel 0,80 € verlangen und von 1000 Spielen ausgehen?

$1000 \cdot (0{,}8\,€ - 0{,}6\,€) = 200\,€$

**2** Viktoria und Hendrik vereinbaren ein Würfelspiel. Es wird mit zwei Würfeln gewürfelt. Jeder Würfel hat zwei gelbe, zwei blaue und zwei rote Seiten.

a) Bestimme die Wahrscheinlichkeiten für die jeweiligen Ereignisse.

| Ereignis | nur eine Farbe | zwei verschiedene Farben |
|---|---|---|
| Wahrscheinlichkeit | $\frac{1}{3}$ | $\frac{2}{3}$ |

b) Viktoria ist Spielleiterin. Sie bietet Hendrik folgenden Gewinnplan:

| Ereignis | nur eine Farbe | zwei verschiedene Farben |
|---|---|---|
| Gewinn | 3 € | Einsatz verloren |

Welchen Einsatz muss Hendrik zahlen, damit das Spiel fair ist?

$\frac{1}{3} \cdot 3\,€ + \frac{2}{3} \cdot 0\,€ = 1\,€$

**3** Glühlampen haben eine stark schwankende Lebensdauer. Untersuchungen lieferten das folgende Ergebnis:

| Ungefähre Lebensdauer in Betriebsstunden | 3000 | 4000 | 5000 | 6000 | 7000 | 8000 | 9000 | 10000 | mehr als 10000 |
|---|---|---|---|---|---|---|---|---|---|
| Anteil der Glühlampen | 5% | 20% | 25% | 30% | 10% | 5% | 4% | 1% | ca.0% |

a) Berechne den Erwartungswert.

$0{,}05 \cdot 3000 + 0{,}2 \cdot 4000 + 0{,}25 \cdot 5000 + 0{,}3 \cdot 6000 + 0{,}1 \cdot 7000 + 0{,}05 \cdot 8000 + 0{,}04 \cdot 9000 + 0{,}01 \cdot 10\,000 = 5560$

b) In einem Großraumbüro leuchten 23 Lampen an ca. 190 Tagen jeweils 10 Stunden. Wie viele Lampen muss der Hausmeister pro Jahr in etwa kaufen?

*ca. 8 Glühlampen* $(23 \cdot 190 \cdot 10 : 5560)$

**4** Man gehe davon aus, dass die Wahrscheinlichkeit für eine Jungengeburt genauso groß ist wie eine Mädchengeburt. In Deutschland werden jährlich ca. 1 Million Babys geboren, in einer deutschen Großstadt ca. 20 000.

a) Bestimme das 95 %-Intervall „Anzahl der Jungengeburten" für beide Fälle.

Deutschland: *[499 000; 501 000]* Deutsche Großstadt *[9929; 10 071]*

b) Bestimme die entsprechenden Intervalle für die relativen Häufigkeiten.

Deutschland: *[49,9 %; 50,1 %]* Deutsche Großstadt *[49,6 %; 50,4 %]*

## Vierfeldertafel

**1** Ein bestimmter genetischer Defekt taucht bei 2 % aller Menschen auf. Bei einem Schnelltest werden 97 % der Kranken positiv getestet. 95 % der Gesunden werden negativ getestet. (positiv getestet heißt, dass der Test krank anzeigt).

a) Fülle das Baumdiagramm aus und beschrifte die Pfade mit den relativen Häufigkeiten bzw. Wahrscheinlichkeiten.
k: krank, g: gesund, p: positiv getestet, n: negativ getestet

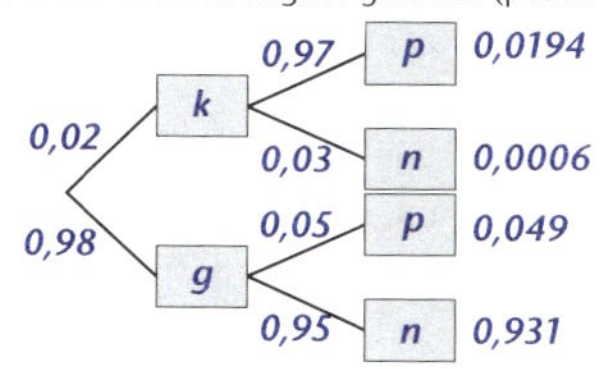


b) Gehe von einer Gruppe von 100 000 Menschen aus. Fülle die Vierfeldertafel rechts aus.

| | positiv | negativ | Summe |
|---|---|---|---|
| krank | 1940 | 60 | 2000 |
| gesund | 4900 | 93 100 | 98 000 |
| Summe | 6840 | 93 160 | 100 000 |

c) Berechne die Wahrscheinlichkeiten. Eine beliebig ausgewählte …

… gesunde Person wird positiv getestet. 5 %

… kranke Person wird aber negativ getestet. 3 %

… Person ist gesund und wird negativ getestet. 93,1 %

… Person ist krank und wird positiv getestet. 1,94 %

d) Wie groß ist die Wahrscheinlichkeit,…

… dass eine positiv getestete Person trotzdem gesund ist? $\frac{4900}{6840} \approx 71{,}6\,\%$

… dass eine negativ getestete Person trotzdem krank ist? $\frac{60}{93\,160} \approx 0{,}06\,\%$

e) Um sicher zu gehen, werden alle positiv getesteten noch einmal getestet. Fülle die Vierfeldertafel aus.

| | positiv positiv | positiv negativ | Summe |
|---|---|---|---|
| krank | ≈ 1882 | ≈ 58 | 1940 |
| gesund | 245 | 4655 | 4900 |
| Summe | ≈ 2127 | 4713 | 6840 |

Wie groß ist die Wahrscheinlichkeit, …

… dass eine positiv positiv getestete Person gesund ist? $\frac{245}{2127} \approx 11{,}5\,\%$

… dass eine positiv negativ getestete Person krank ist? $\frac{58}{4713} \approx 1{,}2\,\%$





## Winkelfunktionen am rechtwinkligen Dreieck 1

**1** Berechne die fehlenden Größen des rechtwinkligen Dreiecks ABC ($\gamma = 90°$).

| | a | b | c | α | β | γ |
|---|---|---|---|---|---|---|
| a) | 8,0 cm | 11,86 cm | 14,31 cm | 34° | 56° | 90° |
| b) | 12,37 cm | 3,0 cm | 12,0 cm | 90° | 14,04° | 75,96° |

**2** Berechne die fehlenden Größen des rechtwinkligen Dreiecks ABC. (rechter Winkel bei C)

| a | b | c | p | q | h | α | β |
|---|---|---|---|---|---|---|---|
| 7,67 cm | 9,14 cm | 11,93 cm | 4,93 cm | 7,0 cm | 5,87 cm | 40° | 50° |

**3** Berechne die fehlenden Größen beim Dreieck DEF.

| d | e | f | u | v | w | ε | δ |
|---|---|---|---|---|---|---|---|
| 4 cm | 5,71 cm | 6,97 cm | 4,68 cm | 2,29 cm | 3,28 cm | 55° | 35° |

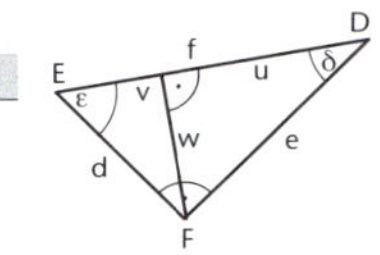


**4** Alle Ecken liegen auf Gitterpunkten. Berechne die Winkelgrößen.

a) b) c)

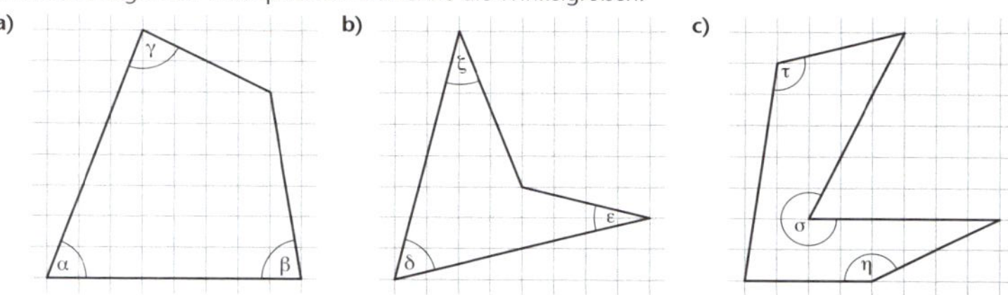

| α | β | γ | δ | ε | ζ | η | σ | τ |
|---|---|---|---|---|---|---|---|---|
| 69,44 | 80,54 | 83,99 | 61,93 | 28,07 | 35,84 | 153,43 | 296,57 | 112,17 |

**5** Die Figuren bestehen aus zwei aneinander gelegten Quadraten. Die markierten Punkte sind Seitenmittelpunkte. Berechne die Winkelgrößen.

a) b) c)

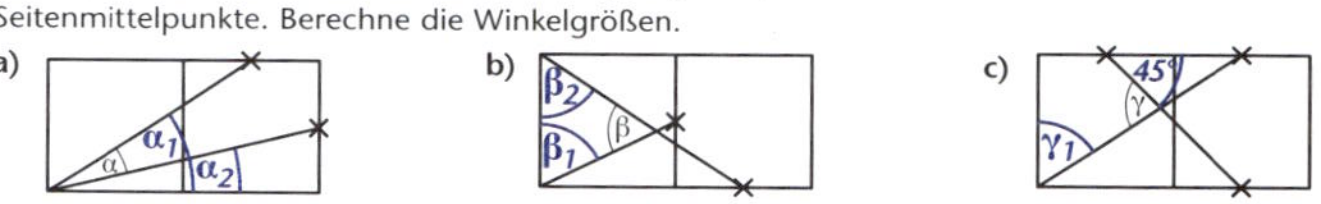

a)
$\tan(\alpha_1) = \frac{2}{3};\ \alpha_1 = 33{,}69°$

$\tan(\alpha_2) = \frac{1}{4};\ \alpha_2 = 14{,}04°$

$\alpha = \alpha_1 - \alpha_2 = 19{,}65°$

b)
$\tan(\beta_1) = \frac{2}{1};\ \beta_1 = 63{,}43°$

$\tan(\beta_2) = \frac{3}{2};\ \beta_2 = 56{,}31°$

$\beta = 180° - \beta_1 - \beta_2 = 60{,}26°$

c)
$\tan(\gamma_1) = \frac{3}{2};\ \gamma_1 = 56{,}31°$

$\gamma = 360° - \gamma_1 - 90° - 135°$

$\gamma = 78{,}69°$

## Winkelfunktionen am rechtwinkligen Dreieck 2

**1** Berechne die Größe des gekennzeichneten Winkels.

a)

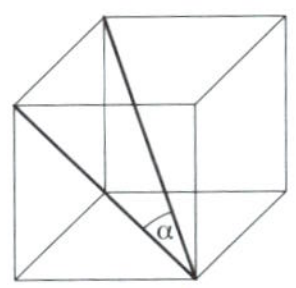


$tan(\alpha) = \frac{1}{\sqrt{2}}$

$\alpha = 35{,}3°$

b)

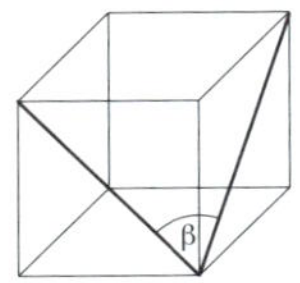


*gleichseitiges Dreieck*

$\beta = 60°$

c)

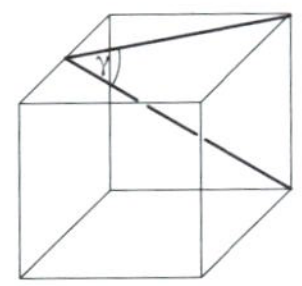


$tan(\gamma) = \frac{1}{\sqrt{1{,}25}}$

$\gamma = 41{,}8°$

**2** Berechne die fehlenden Größen des gleichschenkligen Dreiecks ABC.

| | a | c | $h_a$ | $h_c$ | r | α | γ |
|---|---|---|---|---|---|---|---|
| a) | *13 cm* | 10 cm | *9,23 cm* | 12 cm | *7,04 cm* | *67,38°* | *45,24°* |
| b) | *11,28 cm* | *7,71 cm* | *7,24 cm* | *10,60 cm* | 6 cm | 70° | *40°* |

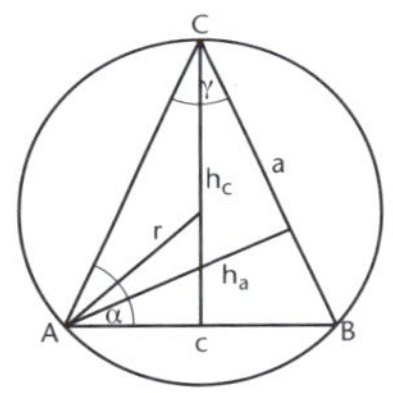


**3** Aus dem Fenster eines Hauses, das 8 m hoch liegt, sieht man die Spitze und den Fußpunkt eines Kirchturms unter dem Winkel $\alpha = 18°$ bzw. $\beta = 11°$.
Wie hoch ist der Turm, und wie weit ist er entfernt?

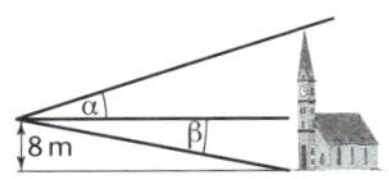


$tan(\beta) = \frac{8}{d} \Rightarrow d = 41{,}16\,m;\ tan(\alpha) = \frac{h_1}{d} \Rightarrow h_1 = 13{,}37\,m;\ h = 21{,}37\,m$

**4** Ein Wanderer im Gebirge entnimmt der Informationstafel am Aussichtspunkt, dass er sich 40 m über dem See befindet und die gegenüberliegende Felswand 220 m aus dem Wasser ragt. Oben auf dem Felsen steht ein Aussichtsturm, dessen Fußpunkt und dessen Spitze der Wanderer unter den Winkeln $\alpha = 20°$ bzw. $\beta = 22°$ sieht. Wie hoch ist der Turm, und wie weit ist die Felswand entfernt?

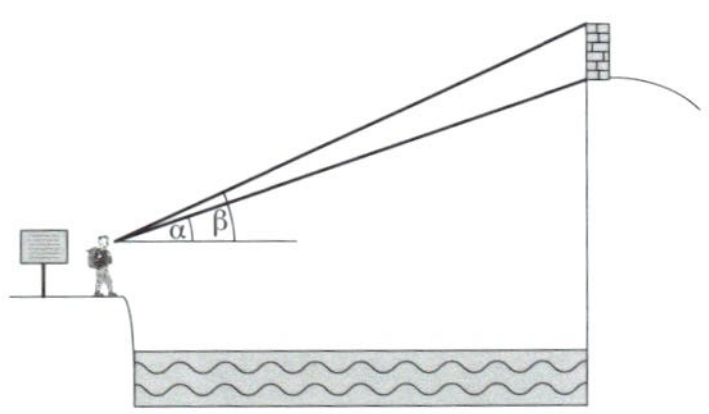


$h = 180\,m;\ tan(\alpha) = \frac{h}{d} \Rightarrow d = 494{,}55\,m;\ tan(\beta) = \frac{x+h}{d} \Rightarrow x = d \cdot tan(\beta) - h \Rightarrow x = 19{,}81\,m$

**5** Um die Höhe eines Baumes zu bestimmen, misst Tom in Punkt A den Winkel $\alpha = 20°$. Dann geht er 20 m auf den Baum zu und misst in B den Winkel $\beta = 32°$.
Wie hoch ist der Baum?

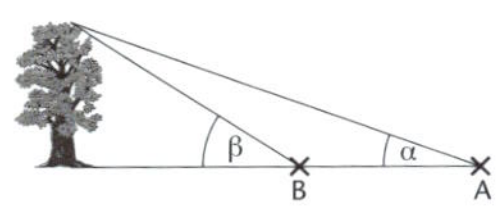


$tan(\alpha) = \frac{h}{d+20};\ tan(\beta) = \frac{h}{d} \Rightarrow d = \frac{20\,tan(\alpha)}{tan(\beta)} - tan(\alpha);$

$d = 27{,}9\,m;\ tan(\beta) = \frac{h}{d} \Rightarrow h = 17{,}43\,m$





## Winkelfunktionen am rechtwinkligen Dreieck 3

**1** Auf der Erdoberfläche wird die Lage eines Ortes durch seine geographische Länge und seine geographische Breite (φ) angegeben. Wie lang ist der Breitenkreis durch

a) Koblenz ($\varphi = 50{,}37°$), $r = 6370 \cdot cos(50{,}37°);\ u = 25\,528\,km$

b) Braunschweig ($\varphi = 52{,}27°$), $r = 6370 \cdot cos(52{,}27°);\ u = 24\,429\,km$

c) Kiel ($\varphi = 54{,}33°$)? $r = 6370 \cdot cos(54{,}33°);\ u = 23\,339\,km$

Der Erdradius beträgt 6370 km.

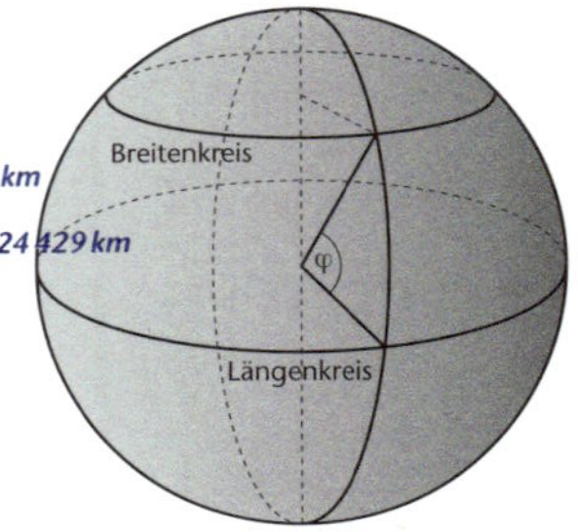


**2** Ein Tischtennisball von 4 cm Durchmesser rollt in einen Trichter mit einem Öffnungswinkel von 70°. Wie weit ist der tiefste Punkt des Balles, wenn er zur Ruhe gekommen ist, von der Trichterspitze entfernt?

$sin(35°) = \frac{2}{d};\ x = d - 2 = 1{,}49$

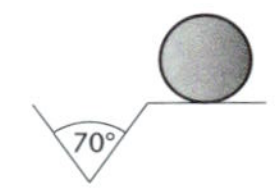


**3** Berechne die Längen der Strecken.

$cos(20°) = \frac{a}{6};\ a \approx 5{,}6\,cm$ $sin(33°) = \frac{d}{a};\ d \approx 3{,}1\,cm$

$sin(20°) = \frac{b}{6};\ b \approx 2{,}1\,cm$ $cos(33°) = \frac{e}{b};\ e \approx 1{,}7\,cm$

$cos(33°) = \frac{c}{a};\ c \approx 4{,}7\,cm$ $sin(33°) = \frac{f}{b};\ f \approx 1{,}1\,cm$

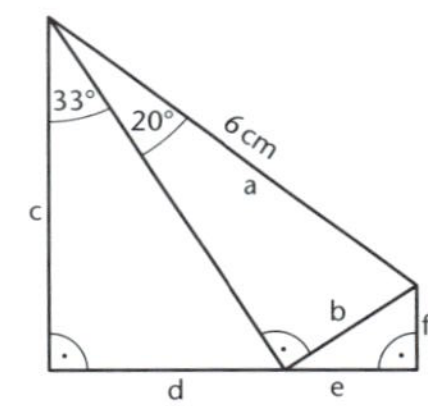


**4** Berechne die Längen der Strecken x und y.

$sin(28°) = \frac{2}{4};\ d = 3{,}9\,cm$

$sin(28°) = \frac{x}{d};\ x = 1{,}8\,cm$

$cos(28°) = \frac{y}{d};\ y = 3{,}4\,cm$

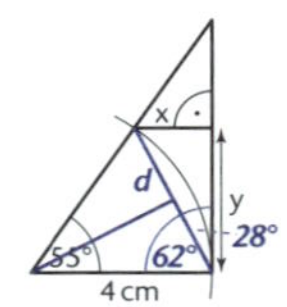


**5** Aus dem Kreisausschnitt wird ein Kegel geformt.
Berechne ε.

$b = \frac{6\pi\,360°}{180°} = 25{,}1 = u = 2\pi r;$

$r = \frac{u}{2\pi} = 4;\ sin\left(\frac{\varepsilon}{2}\right) = \frac{4}{6};\ \varepsilon = 83{,}6°$

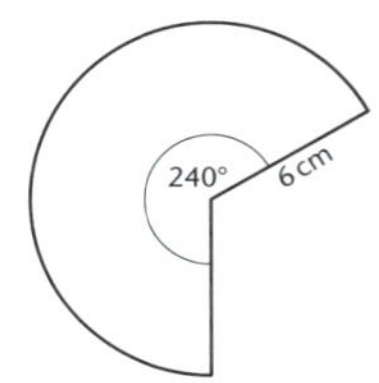


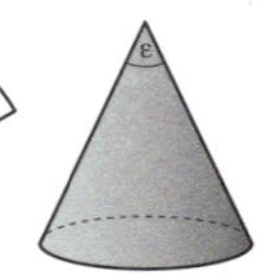